高职高专环境设计专业校企合作规划教材

SketchUp Basic Course

SketchUp 基础教程

主编　陆培红

副主编　朱宇丹　冯　娜

辽宁美术出版社

U0303354

《高职高专环境设计专业校企合作规划教材》编委会

主　任：仓　平
副主任：唐廷强
委　员：张小华　李　刚　李　勇　邢　岩　黄　诚　黄　诚
　　　　孙仲萍　周　帆　徐学敏　严昉菌　刘永进　吴振志
　　　　陆培红　陈伟华　邓蓓蓓　刘韩立　张　玲　吴　刚
　　　　高洪龙　许克辉　陈凤红

图书在版编目（CIP）数据

SketchUp基础教程 / 陆培红主编. — 沈阳：辽宁
美术出版社，2021.10
高职高专环境设计专业校企合作规划教材
ISBN 978-7-5314-8976-4

Ⅰ．①S… Ⅱ．①陆… Ⅲ．①建筑设计－计算机辅助
设计－应用软件－高等职业教育－教材 Ⅳ．①TU201.4

中国版本图书馆CIP数据核字（2021）第181904号

出 版 者：辽宁美术出版社
地　　址：沈阳市和平区民族北街29号　邮编：110001
发 行 者：辽宁美术出版社
印 刷 者：辽宁新华印务有限公司
开　　本：889mm×1194mm　1/16
印　　张：10
字　　数：160千字
出版时间：2021年10月第1版
印刷时间：2021年10月第1次印刷
责任编辑：严　赫
版式设计：张佳雨
封面设计：唐　娜　卢佳慧
责任校对：满　媛
书　　号：ISBN 978-7-5314-8976-4
定　　价：60.00元

邮购部电话：024-83833008
E-mail:lnmscbs@163.com
http://www.lnmscbs.cn
图书如有印装质量问题请与出版部联系调换
出版部电话：024-23835227

序　言

任何时候，教材建设都是高等院校学术活动的重要组成部分。教材作为教学过程中传授教学内容、帮助学生掌握知识要领的工具，具有传递经验和重构知识体系的双重使命。近年来，新科技、新材料的变革，促使设计领域高速发展，内容与形式不断创新。这就要求与设计行业、产业关联更为紧密的高等职业教育要更加注重科学性、系统性、发展性，对于教材中知识更新的要求也更加迫切。

上海工艺美术职业学院作为国家首批示范校之一，2015年开始将室内设计、公共艺术设计、环境设计整合重构，建立围绕空间设计的专业群；紧密联合国内一流设计企业和相关行业协会，开展现代学徒制，建立以产业链上岗位群的能力为核心的"大类培养，分层教育"的人才培养模式。此次组织编写的系列教材正是本轮教学改革的阶段性成果，力求做到原理与应用相结合、创意与技术相结合、分解与综合相结合，打破原有专业界限，从大环艺的角度，以美术、建筑、新媒体等多学科视角解读空间设计语言，培养宽口径、精技能的实践型设计人才。

教材编写过程中得到上海市装饰装修行业协会、江苏省室内装饰协会、上海全筑设计集团、上海上房园艺有限公司及深圳骄阳数字有限公司等数十家行业协会、企业的指导与支持，感谢他们在设计教育过程中的辛勤付出。

最后，我们也应牢记，教材的完成只是一个阶段的记录，它不是过往经验的总结和一劳永逸的结果，而应是对教学改革新探索的开始。

上海工艺美术职业学院院长　教授

仓平

前　言

SketchUp最初是由美国@Last　Software公司开发的直接面向设计过程的三维软件，2016年被Google公司收购。它不同于其他三维软件所追求的建模造型、渲染表现的尽量逼真、面面俱到，SketchUp更加关注的是方案创作过程的设计软件，与手绘草图过程很相似，可以非常容易地在三维空间中画出精确的三维模型，迅速构建模型、编辑模型、输出效果图。SketchUp简单易学，因此，读者可以通过较短时间的学习就能熟练掌握该软件的使用方法，提高工作效率，使设计师方案创作推敲变得更加快速、直观。SketchUp三维软件已经广泛地应用在室内设计、景观设计、建筑设计、规划设计等领域，学习SketchUp势在必行。

本书作者均是长期工作在教学、科研一线的专业人士，具有丰富的教学和项目实践经验。本书作者始终坚持"以专业知识能力为主线，以职业素养培养为目标"，努力将行业知识融入三维建模技术中。本书具有以下特色。

1.本书案例都是根据知识能力目标在实际设计方案中提炼而成，由浅入深，并考虑到行业的特征，涉及的案例有室内设计、建筑设计、景观设计等，让读者掌握专业技能的同时能把知识更好地运用到实际工作中。

2.理论部分内容通过案例操作，在实践中加深对理论部分的理解，强化理论的实际应用。

3.对SketchUp绘图技巧进行归纳性提炼，并配有绘图技巧辅助视频资料，帮助读者自助学习，使读者在实际应用中更加得心应手。

本书不仅可以作为教材使用，也适用于SketchUp相关的各类培训及室内设计、建筑设计、景观设计、规划设计工作者学习和参考。阅读本书，结合案例进行练习和实训，就能在较短的时间内基本掌握SketchUp三维建模技巧。

由于作者水平有限，书中内容可能存在不当之处，恳请读者批评指正。

目　录

第一章　SketchUp概述

第一章　SketchUp概述

第一节　SketchUp简介

SketchUp最初是由@Last Software公司开发，2016年被Google公司收购，并陆续发布了6.0、7.0、8.0、2012、2014、2018、2019、2020版本，是一款直接面向设计方案创作过程的设计工具集合，是全球最受欢迎的3D模型软件之一。其操作便捷，建模流程简单、直观、逼真，能随着设计师构思深入，不断增加细节，被形象地比喻为电脑设计中的"铅笔"，被誉为"草图大师"。

在设计过程中我们可以运用SketchUp三维图形直接与客户进行交流，从而免去了烦琐的渲染过程，使双方的交流变得更加直接高效。

目前已广泛应用于室内设计、建筑设计、园林景观设计、城市规划设计等领域（图1-1～图1-4）。

图1-1　室内设计与表现

图1-2　建筑设计与表现

图1-3　园林景观设计与表现

图1-4　城市规划设计与表现

第二节　SketchUp2018特点

一、显示效果直观简洁

设计师在利用SketchUp进行设计创作时可以实现"所见即所得"，从方案设计开始至完成的整个过程中都可以很直观地看到三维模型效果，并能观察不同角度、不同风格的显示效果。因此，方案的修改和深化非常方便，使用SketchUp进行设计创作可以摆脱传统绘图方法的烦琐与枯燥，使设计变得更加有趣和生动，同客户的交流也将变得更为流畅和高效。

二、操作过程便捷快速

SketchUp的操作界面简单直观，可以通过界面菜单和大工具集按钮，在三维视图内快速完成。

SketchUp操作便捷，能快速入门，通过灵活运用快捷键训练，一般都能运用自如，资深的设计师使用鼠标能像拿铅笔一样灵活，设计过程流畅，不会受软件操作影响。

三、兼容性良好

SketchUp与AutoCAD、3dsmax、Revit、Lumion等软件兼容性较好，可以十分快捷地进行文件转换，设计师可以根据实际需求快速导入和导出DWG、JPG、3DS等格式文件，实现方案构思、施工图与效果图绘制的完美结合。

此外，SketchUp与AutoCAD、3dsmax、Revit等常用设计软件可以进行十分快捷的文件转换及互用，能满足多个设计领域的需求。

四、SketchUp插件可自主开发

SketchUp的插件类型非常多，功能强大，可以通过Ruby语言进行创建性自主开发，能够轻松地制作出你想要的模型，通过开发的插件可以全面提升SketchUp的使用效率并突出延伸其功能。

第三节　SketchUp2018界面

SketchUp的操作界面简单直观，主要由"标题栏""菜单栏""主工具栏""大工具栏""状态栏""数据输入框""绘图区""工作面板"构成（图1-5）。

一、标题栏

标题栏所显示的是当前文件的名称及软件版本号（图1-6）。

二、菜单栏

SketchUp2018菜单栏由"文件""编辑""视图""相机""绘图""工具""窗口""帮助"等8个主菜单构成，对应的主菜单下都有下级"子菜单"或"次级子菜单"（图1-7）。

三、主工具栏

在SketchUp软件中，主工具可以根据自己需要设置，常用的有"标准""风格""视图""图层""阴影"等。

四、大工具栏

大工具栏可以通过"视图"菜单下的"工具栏"子菜单设置，打开工具栏对话框，在此勾选"大工具集"（图1-8）。

五、状态栏

在绘图区域操作时状态栏会根据当前操作做相应的提示，操作者可以参考提示完成相应的操作（图1-9）。

六、数据输入框

在创建精确模型时我们可以在数据输入框中直接输入数据"长度""半径""角度""个数"等数值（图1-10）。

七、绘图区

绘图区在SketchUp中是绘制三维模型的区域，此区域以坐标轴为界，可以在三维空间任意位置绘制图形，红色坐标轴为X轴，绿色坐标轴为Y轴，蓝色坐标轴内为Z轴（图1-11）。

八、工作面板

默认的工作面板包含"图元信息""材料""组件""风格""图层""场景""阴影""工具导向"等8个面板，每个工作面板包含着它们特有的属性。默认面板可以通过点击"窗口"菜单，在它的下拉菜单中选择"默认面板"，勾选或取消勾选相应的工作面板（图1-12）。

点击"窗口"菜单在它的下拉菜单中选择"管理面板"，在弹出的"管理面板"对话框中可以重新设置默认面板，并可以对它重新命名（图1-13）。

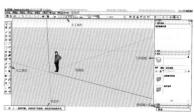

图1-5　SketchUp 2018界面

图1-6　标题栏

图1-7　子菜单和次级子菜单

图1-8　大工具集选用

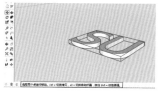

图1-9　状态栏

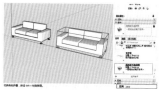

图1-10　数据输入框

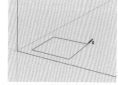

图1-11　坐标轴

图1-12　默认面板设置

图1-13　管理面板设置

「＿ 第二章　SketchUp基础」

第二章　SketchUp基础

我们在使用SketchUp进行方案推敲过程中，经常需要从不同的视角去观察模型效果，因此我们会对视图进行切换、旋转等操作。本节主要学习视图操作、视图切换、对象选择、对象删除、显示风格等方法与技巧。

第一节　SketchUp2018 视图操作

一、环绕观察

在视图中使相机围绕模型转动观察，可以快速观察模型各个角度的效果。单击"相机"工具栏"环绕观察"按钮 ◆，点击绘图区内任意一处，向任意方向移动光标可绕绘图区中心转动（图2-1~图2-3）。

小技巧：①"环绕观察"工具默认快捷键是"O"，按Esc键可以启用以前选定的工具；②在任何状态下按住鼠标中间滚轮移动鼠标，同样可以进行旋转操作；③在任意一个命令状态下双击滚轮，都可以使点击区域居中显示。

二、平移视图

在视图中移动画布，可以显示视口中没有被显示的模型，其模型大小不变，单击"相机"工具栏"平移"按钮 ✍，点击绘图区内任意一处，向任意方向移动光标进行平移（图2-4~图2-6）。

小技巧：①"平移"工具默认快捷键是"H"，按Esc键可以启用以前选定的工具；②在任何状态下按住"Shift+鼠标中间滚轮"移动鼠标，同样可以进行平移操作。

三、缩放视图

在视图区域缩放模型显示大小，模型实际尺寸不变，便于观察模型细节。SketchUp2018在"相机"工具栏中提供了视图缩放工具。

1. "缩放"工具

"缩放"工具是从视窗角度将相机推进或拉远，使整体模型放大或缩小。单击"相机"工具栏"缩放"按钮 🔍，在绘图区中任意一处点击并按住鼠标，向上拖动光标可以放大模型，向下拖动则可以缩小模型（图2-7~图2-9）。

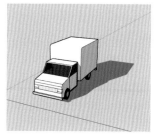
图2-1　环绕旋转角度1

图2-2　环绕旋转角度2

图2-3　环绕旋转角度3

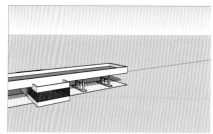
图2-4　平移画布1

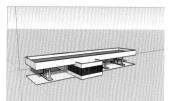
图2-5　平移画布2

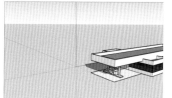
图2-6　平移画布3

图2-7　原始模型

图2-8　缩小模型

小技巧：①"缩放"工具默认快捷键是"Z"，按Esc键可以启用以前选定的工具；②任何状态下滚动鼠标中间滚轮，同样可以进行缩放操作。

2．"缩放窗口"工具

使用"缩放窗口"工具可以放大模型的特定区域。单击"相机"工具栏"缩放窗口"按钮⊡，在距离要用缩放窗口显示的图元近处，点击并按住鼠标，按对角方向移动光标，当所有图元都包含在缩放窗口中时释放鼠标（图2-10～图2-12）。

小技巧：①"缩放窗口"工具默认快捷键是"Crtl+Shift+W"，按Esc键可以启用以前选定的工具；

②任何状态下滚动鼠标中间滚轮，同样可以进行缩放操作。

3．"充满视窗"工具

"充满视窗"工具可以快速地将场景中所有可见模型将在视图内最大化显示。单击"相机"工具栏"充满视窗"按钮✖（图2-13、图2-14）。

小技巧："缩放窗口"工具默认快捷键是"Shift+Z"，按Esc键可以启用以前选定的工具。

4．"上一个"工具

"上一个"工具可以快速返回到上一个视图，单击"相机"工具栏"上一个"按钮🔍（图2-15、图2-16）。

图2-9 放大模型

图2-10 原始模型

图2-11 划出缩放窗口

图2-12 缩放窗口

图2-13 原始图

图2-14 充满视窗

图2-15 当前视图

图2-16 上一个视图

第二节 SketchUp2018视图切换

视图切换功能主要是通过"视图"工具栏 🏠🔲🏠🔲🔲🔲 六个视图按钮进行快速切换，单击其中任意一个按钮即可切换到相应的视图，依次为等轴视图、俯视图、前视图、右视图、后视图、左示图（图2-17～图2-22）。

我们在SketchUp中作图时可以根据你所创建的三维模型的要求，不断切换视图窗口，以达到视口显示的最佳状态，准确地绘制三维模型。

SketchUp默认状态下是以"透视显示"，是模拟眼睛观察物体和空间的三维效果，单击"相机"在下拉菜单

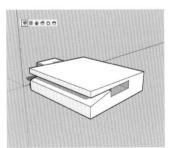

图2-17 等轴视图

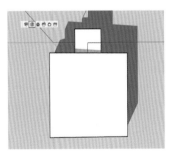

图2-18 俯视图

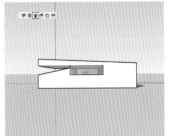

图2-19 前视图

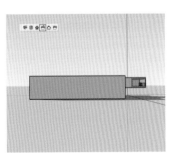

图2-20 右视图

中选择"透视显示"（图2-23、图2-24），因此得到的投影效果不是绝对的。单击"相机"菜单在下拉菜单中选择"平行投影"即可得到绝对的投影效果（图2-25、图2-26）。

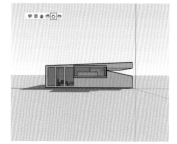

图2-21 后视图

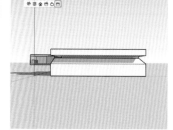

图2-22 左视图

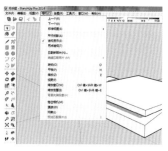

图2-23 透视显示设置

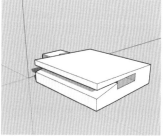

图2-24 透视显示

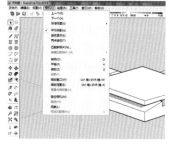

图2-25 平行投影设置

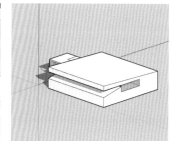

图2-26 平行投影

第三节 SketchUp2018对象选择

SketchUp中选择场景模型可以通过选择工具，单击"编辑"工具栏中的 ▶ 按钮，启用编辑命令，也可以在使用其他工具或命令时，按快捷键"空格键"进入选择状态，具体操作如下。

一、点选

1.单击：单击场景中的图元，即可选中此对象图元（图2-27）；

2.双击面：可将此面及与其直接相连的边线选中（图2-28）；

3.双击边线：可将此边线及与其直接相连的面选中（图2-29）；

4.三击：三击面或边线，可将与此面或边线相连的所有模型元素选中（图2-30）。

小技巧：①按住Ctrl键可以向一组选定的图元中添加图元；②按住Shift+Ctrl键可以从一组选定的图元中去掉某个图元；③按住Shift键可以切换选择某个图元是否在选定的图元组中；④按住Ctrl+A键选择模型中所有可见的图元。

二、窗选和框选

1.窗选

窗口选择方法是按住鼠标左键不放从左向右拖动，出现实线选框，当释放鼠标左键时，只有图元完全包含在选

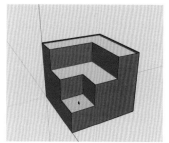

图2-27 单击选择

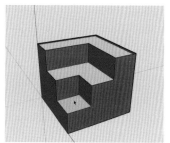

图2-28 双击面选择

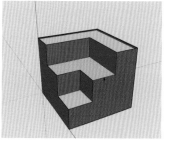

图2-29 双击边线选择

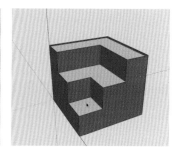

图2-30 三击选择

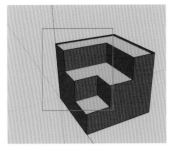

图2-31　窗选选框

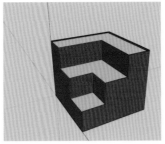

图2-32　窗选图元

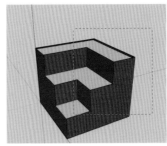

图2-33　框选选框

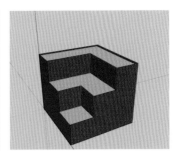

图2-34　框选图元

框内的对象才被选中（图2-31、图2-32）。

2.框选

框选选择方式是按住鼠标左键从右向左拖动，出现虚线选框，当鼠标释放时，只要图元完全包含或部分包含在选框内的对象将全部选中（图2-33、图2-34）。

三、右键快捷选择

我们在激活"选择"工具 后，在模型图元上单击鼠标右键，将会弹出快捷菜单（图2-35）。菜单中包含有5个选项，"边界边线""连接的平面""连接的所有项""在同一图层的所有项""使用相同材质的所有项"，通过对不同选项的选择，可以进行关联的"边线""面"或者其他对象的选择。

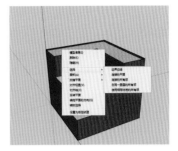

图2-35　右击快捷选择

第四节　SketchUp2018对象删除

在设计过程中需要删除某些对象，一般使用"擦除"工具 ，单击大工具集中的"擦除"激活，或执行"工具"菜单栏中的"删除"命令均可激活"删除"命令。

"删除"命令不能删除"面"对象，当光标放置在线段上时，点击鼠标左键，即可删除对象（图2-36、图2-37），或在场景中在需要删除的模型对象上拖动鼠标，被选中的线段会突出显示，松开鼠标即可将所选的对象全部删除（图2-38、图3-39）。

小技巧：①当激活"擦除"工具后按住Shift键，此时不会删除模型对象，而具有隐藏边线的作用；②当激活"擦除"工具后按住Ctrl键，此时不会删除模型对象，而具有软化和平滑边线的作用；③当激活"擦除"工具后按住Shift+Ctrl键，将具有取消软化和取消平滑边线的作用。

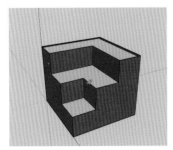

图2-36　单击删除

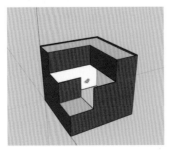

图2-37　删除完成

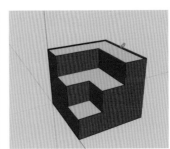

图2-38　拖动删除

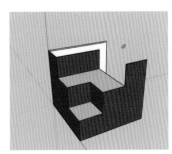

图2-39　删除完成

第五节　显示风格及样式设置

一、显示风格

在SketchUp中可以有多种显示模式，满足不同设计方案表达的形式要求，让客户能更好地理解设计意图。单击"风格"工具栏按钮，可以快速切换不同的模型显示模式，风格工具栏 一共有七种显示模式"X光透视模式""后边线显示模式""线框显示模式""消隐显示模式""阴影显示模式""材质贴图""单色显示模式"。

1.X光透视模式

X光透视模式可以观察到封闭空间中的内部设计效果，单击"X光透视模式"显示按钮切换到透视效果（图2-40～图2-43）。

小技巧：线框显示模式没有面，X射线显示模式相对于线框显示模式没有意义。

2.后边线显示模式

后边线显示模式可以观察到以虚线形式显示的封闭空间中的内部设计效果，单击"后边线"显示按钮切换到后边线显示效果（图2-44～图2-45）。

小技巧：线框模式下后边线显示模式不可用。

3.线框显示模式

线框显示模式可以在场景中只显示模型线框而不显示面，是SketchUp中最节省系统资源的显示模式，单击"线框"显示按钮切换到线框显示效果（图2-46）。

小技巧：线框显示模式下推拉工具不可用。

4.消隐显示模式

消隐显示模式将仅显示场景中可见的模型面，材质与贴图也会暂时消失，单击"消隐"显示按钮切换到消隐显示效果（图2-47）。

小技巧：消隐模式输出电子格式图片或打印，可以进行后期处理取得手绘效果。

5.阴影显示模式

阴影显示模式显示带纯色表面的模型，该模式将在可见模型表面赋予的材质贴图基础上，自动生成相近的色彩，单击"阴影"显示按钮切换到阴影显示效果（图2-48）。

6.贴图显示模式

贴图显示模式能将场景中模型的材质、颜色、纹理及透明效果都很好地展现，是SketchUp中最全面的显示风格，单击"贴图"显示按钮切换到贴图显示效果（图2-49）。

小技巧：贴图显示模式系统资源占用大，在建模过程中尽量使用其他显示模式。

7.单色显示模式

单色显示模式以黑色显示模型的线段，使用默认的正反面色显示模型的面，默认正面是白色，反面是灰色，系统资源占用少，表现力强。单击"单色"显示按钮切换到单色显示效果（图2-50）。

小技巧：单色显示模式可以用来分辨模型的正反面。

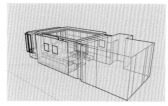

图2-40　X光与消隐模式混合显示

图2-41　X光与阴影模式混合显示

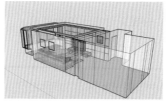

图2-42　X光与贴图模式混合显示

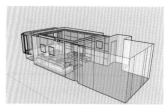

图2-43　X光与单色模式混合显示

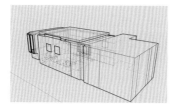

图2-44　后边线与消隐混合显示

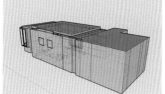

图2-45　后边线与阴影混合显示

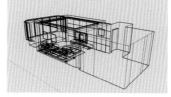

图2-46　线框显示

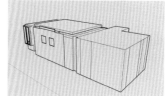

图2-47　消隐显示

二、样式设置

SketchUp提供了多种现实风格，主要是通过"样式"工作面板进行设置，打开"窗口"下的"管理面板"保持对话框中的"风格"是勾选的（图2-51）。

"风格"面板中包含背景、填空、边线和表面的显示效果等设置，主要包括"选择""编辑""混合"三个选项卡（图2-52）。

1.选择选项卡

"选择"选项卡中有七种不同的风格类型，每一种风格中又有不同的显示风格（图2-53～图2-67）。

2.编辑选项卡

"编辑"选项卡包含"边线设置""平面设置""背景设置""水印设置"和"建模设置"五个设置对话框（图2-68）。

（1）边线设置

点击"编辑"选项卡中的"边线"按钮 ，进入边线设置状态。边线样式设置主要包含边线、后边线、轮廓线、深粗线、出头、端点、抖动，主要控制模型边线的显示、隐藏、粗细及颜色，每一种边线设置样式（图2-69～图2-78）。

图2-48　阴影显示

图2-49　贴图显示

图2-50　单色显示

图2-51　管理面板

图2-52　风格面板

图2-53　选择选项卡

图2-54　Style Builder
竞赛获奖者

图2-55　带框的染色边线

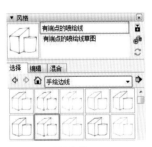
图2-56　手绘边线

图2-57　有端点的喷绘线

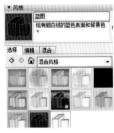
图2-58　混合模式

图2-59　蓝图

图2-60　照片模式

图2-61　照片建筑模式

图2-62　直线

图2-63　直线01像素

图2-64　预设样式

图2-65　3D打印样式

图2-66　颜色集

图2-67　00预设颜色

图2-68　编辑选项卡

图2-69　无边线效果

图2-70　带边线效果

图2-71　后边线效果

图2-72　轮廓线效果

图2-73　深粗线效果

图2-74　出头线效果

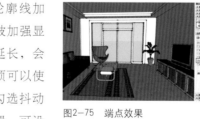

图2-75　端点效果

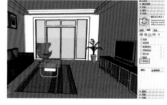

图2-76　抖动效果

小技巧：①勾选轮廓线选项可以把物体的轮廓线加强显示；②勾选深粗线选项距离相机近的边线将被加强显示；③勾选延长选项可以从端点开始把物体边线延长，会形成草图的感觉，但不影响捕捉；④勾选端点选项可以使物体边线末端加重显示，会形成草图的感觉。⑤勾选抖动选项可以模拟手绘抖动的效果；⑥颜色选项的设置：可设置模型边线的颜色。

（2）平面设置

点击"编辑"选项卡中的"平面设置" 按钮，打开平面设置对话框，通过"正面颜色""反面颜色"修改材质的前景颜色和背景颜色，点击后面的颜色块，打开选择颜色对话框修改颜色（图2-79）。其中还包含了六种表面显示模式："以线框模式显示""以隐藏线模式显示""以阴影模式显示""使用纹理显示阴影""使用相同的选项显示有着色显示的内容""X光透视模式显示"（图2-80）。

（3）背景设置

点击"编辑"选项卡中的"背景设置" 按钮，打开背景设置对话框，对背景颜色、天空颜色和地面颜色进行设置（图2-81）。

小技巧：①取消天空设置，设置场景背景颜色；②天空和地面设置，可以模拟大气效果的渐变天空、地面、地平线；③透明度设置滑块用于控制场景中地面渐变效果；④勾选"从下面显示地面"可以从地平面下方往上观察到地面效果。

（4）水印设置

通过"水印设置"在场景中放置二维图形创建背景，或在带纹理的表面上模拟绘画的效果。点击"编辑"选项卡中的"水印设置" 按钮，打开水印设置对话框（图2-82）。

单击"添加水印" 按钮，选择二维图像，将二维图像添加至背景或覆盖。添加后的水印可以通过"编辑水印"按钮 ✿ 重新进行编辑，通过 ◄ 或 ► 切换水印图像在场景中的位置。

（5）建模设置

"建模设置"主要用于设置场景中模型在不同状态下的颜色，点击"编辑"选项卡中的"建模设置" ➡ 按钮，打开建模设置对话框（图2-83）。可以设置选定模型、锁定模型、参考线、剖切面、照片匹配等颜色设置。

3.混合选项卡

"混合设置"主要是用于设置混合风格，可以为同一场景设置多种不同风格（图2-84）。

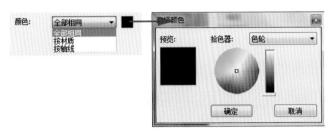

图2-77 颜色设置选项

图2-80 表面显示模式　　图2-81 背景设置

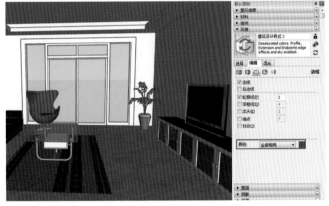

图2-78 颜色设置效果

图2-82 水印设置

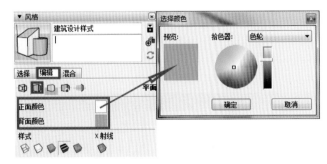

图2-79 颜色设置

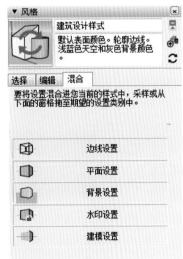

图2-83 建模设置　　　　图2-84 混合选项卡

「‗ 第三章　SketchUp2018基本工具 」

第三章 SketchUp2018基本工具

第一节 SketchUp2018绘图工具

SketchUp2018 绘图工具，它包含了"直线""徒手线""矩形""旋转矩形""圆""多边形""圆弧1""圆弧2""三点画弧""扇形"十种二维图形绘制工具。

一、矩形工具

1.矩形绘制

"矩形"工具用于绘制矩形平面图像，单击"矩形"工具，在绘图区域点击设置第一个角点，按对角方向移动光标点击设置第二个角点，自动生成矩形平面图像（图3-1、图3-2）。

2.精确绘制矩形

以宽3000mm、长2000mm的矩形为例。首先绘制一个矩形，然后在输入框中直接输入"3000、','、2000、回车"。两个数值之间用逗号分隔，即可完成矩形精确绘制（图3-3）。如果输入的数值是负数，例如输入"-3000，-2000"，则绘制出的图形在X轴和Y轴上反向绘制（图3-4）。

3.三维模型上绘制

我们如何在三维模型平面上绘制矩形？点击矩形工具，将鼠标移动到三维平面上，鼠标右下角会出现"在平面上"的提示文字，单击鼠标左键确定矩形的第一个角点，移动鼠标点击设置第二个角点，此时所绘制的矩形在三维平面上（图3-5）。

4.特殊矩形

在绘制矩形时，当鼠标右下方出现"黄金分割"字样，同时矩形中间会出现虚线，这时矩形的长宽比满足黄金分割比例（图3-6）。黄金分割比矩形的长宽比是1：1.618，这个比例的矩形被公认为是最具有美感的比例。

在绘制矩形时，当鼠标右下方出现"正方形"字样，同时矩形中间会出现虚线，这时长度和宽度相同（图3-7-1）。

5.旋转矩形绘制

我们可以用旋转矩形工具绘制任意角度的矩形，单击"旋转矩形"工具，在绘图区域点击鼠标左键设置第一个角点（图3-7-2），移动鼠标确定第一条边的方向，点击鼠标左键设置第二个角点（图3-7-3），移动光标以设置第二条边的长度和角度，单击以设置第三个角点。在数据框中输入矩形"长度"","宽度"","角度"，数据间以逗号","进行分割。例

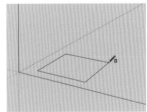

图3-1 矩形工具

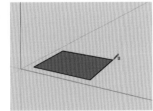

图3-2 矩形工具

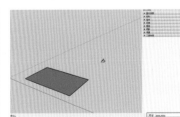

图3-3 精确绘制矩形

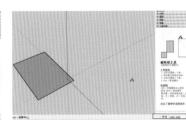

图3-4 输入负值

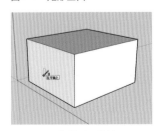

图3-5 三维模型上绘制

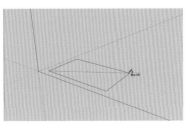

图3-6 黄金分割矩形

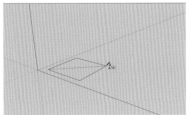

图3-7-1 正方形

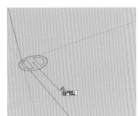

图3-7-2 第一个角点

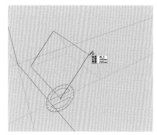

图3-7-3 第二个角点

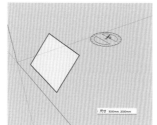

图3-7-4 旋转矩形

图3-8 设置场景单位以及精确度

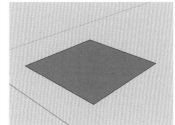

图3-9 绘制正方形

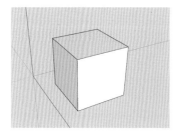

图3-10 推-拉3000mm

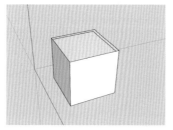

图3-11 绘制2800mm正方形

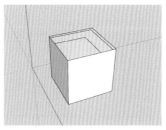

图3-12 绘制2000mm正方形

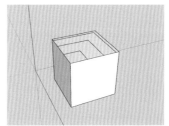

图3-13 绘制1000mm正方形

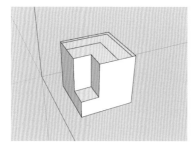

图3-14 向下推拉2000mm

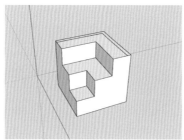

图3-15 向下推拉1000mm

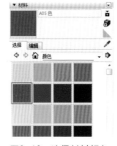

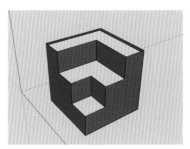

图3-16 选择材料颜色　图3-17 完成效果图

如输入"3000"";""2000"";""45"，即矩形长为3000mm，宽为2000mm，角度为45°（图3-7-4）。

小技巧：①矩形工具的快捷键是"R"；②按Ctrl键切换至围绕中心点绘制矩形；③按住Shift锁定在平面上绘制。

二、实例——绘制SketchUp Logo

通过实例介绍"矩形"工具绘制SketchUp logo模型的方法。

1.打开SketchUp，设置场景单位与精确度（图3-8）。

2.激活"矩形"工具，或输入快捷键"R"，绘制一个矩形，在数值输入框中输入"3000"";""3000"（图3-9）。

3.激活"推／拉"工具，或输入默认快捷键"P"，单击正方形，鼠标往上移动，在数值输入框中输入"3000"，推拉出3000mm高度（图3-10）。

4.激活"矩形"工具，绘制一个2800mm×2800mm正方形（图3-11）。

5.激活"矩形"工具，绘制一个2000mm×2000mm正方形（图3-12）。

6.激活"矩形"工具，绘制一个1000mm×1000mm正方形（图3-13）。

7.激活"推／拉"工具，单击正方形面，向下推拉2000mm高度（图3-14）。

8.激活"推／拉"工具，单击中间L形面，向下推拉1000mm高度（图3-15）。

9.激活"材质"工具，或输入默认快捷键"B"，在"材料"面板中选择材料的类型为"颜色"，选择红色，在场景中点选需要赋予相应颜色的模型表面（图3-16、图3-17）。

三、直线工具

1．绘制一条直线

"直线"工具用于绘制直线或边线对象，单击"直线"工具 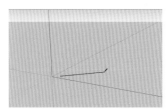，或执行"绘图"菜单下的"直线"，其默认快捷键为"L"。点击绘图区域设置直线的起点，移动光标，点击直线的终点，可以再次移动鼠标点击创建连续的直线，如果需结束直线绘制命令，按Esc键或空格键结束操作即可。如果把连续直线的首尾相连，当最后一条直线的终点和第一条直线的起点连接起来，此时连续的直线形成了一个封闭平面，SketchUp就会自动创建平面（图3-18~图3-20）。

2．绘制定长直线

单击"直线"工具 ，或输入默认快捷键"L"，在绘图区点击鼠标确定线段的起点，向目标方向移动，在输入框中输入线段长度，按Esc键或空格键结束操作，即可绘制精确长度的线段（图3-21）。

3．分割线段和平面

直线工具具有分割平面或直线的功能。我们在平面上添加一条直线，就可以把平面分割成两个平面。激活"直线"工具 ，在平面的一条边上单击鼠标，移动鼠标至另一条边上单击鼠标，完成直线绘制，可以看到平面被分成两个平面（图 3-22、图3-23）。

同样，直线工具也可以分割直线。我们在绘制完一条直线后再绘制一条与它相交的直线，交叉线会被分割，可以尝试删除任意一侧线段（图3-24~图3-26）。

4．补面

我们在运用SketchUp建模过程中需要修补一些缺少的面，直线工具具有补面功能。在模型中需要补齐缺少的两个平面（图3-27），激活"直线"工具，起点和终点分别补足平面上缺少的边线两端，按Esc键或空格键结束操作后即可自动补面（图3-28、图3-29）。

5．绘制轴平行线

激活"直线"工具，在绘图区域点击鼠标确定起点，在屏幕上沿着Z轴移动光标，光标旁会出现"在蓝色轴线上"的提示信息，按住Shift键不放锁定Z轴轨迹，此时直线变粗，并呈蓝色显示，所绘制直线与Z轴平行（图3-30）。同理可绘制与X轴、Y轴平行的直线。

6．绘制任意线段平行线

激活"直线"工具，鼠标点击直线起点位置，移动鼠标至需要绘制平行线的直线上，移动鼠标出现紫红色直线，锁定直线平行（图3-31）。

7．直线的捕捉与跟踪

在SketchUp中同样也具有类似CAD的捕捉与跟踪功能，我们可以捕捉线段的中点、端点、线上的任意点（图3-32~图3-35），也可以捕捉平面。

8．等分线段

在SketchUp中的线段可以等分成若干段。在线段上单击鼠标右键，在快捷菜单中选择"拆分"选项，在线上移动鼠标，线上会出现红色等分点，再次点击鼠标左键确定分段数，或直接在数据框输入段数（图3-36、图3-37）。

小技巧：①直线工具的快捷键是"L"；②按住Shift

图3-18 直线绘制

图3-19 连续绘制直线

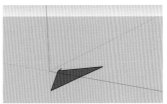

图3-20 创建平面

图3-21 定长直线

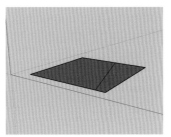

图3-22 平面分割前

图3-23 平面分割后

图3-24 直线

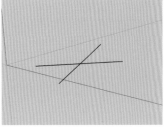

图3-25 交叉线段

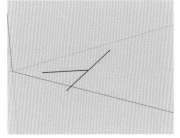

图3-26　删除一侧线段

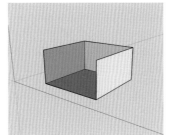

图3-27　缺面模型

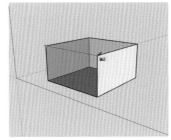

图3-28　补线

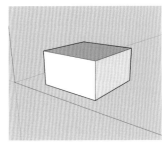

图3-29　补线成面

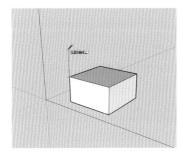

图3-30　轴平行线

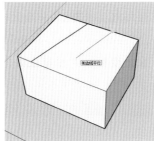

图3-31　直线平行线

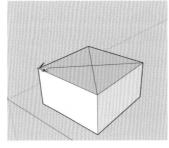

图3-32　捕捉端点

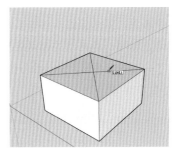

图3-33　捕捉中点

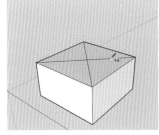

图3-34　捕捉边线

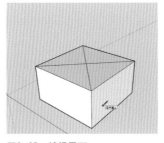

图3-35　捕捉平面

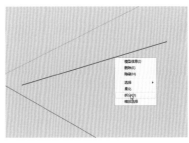

图3-36　等分线段

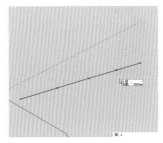

图3-37　线段数

键或键盘上的方向键→，可以锁定某个方向绘制直线；③按住Shift可以锁定平面上绘制直线；④直线工具具有画线补面功能；⑤已绘制的直线可以通过"图元信息"面板"长度"修改直线长度；⑥绘制垂直线时，直线呈紫红色，则两条直线垂直。

四、实例——绘制茶水柜

通过实例介绍"直线"工具和绘制茶水柜模型的方法。

1.打开SketchUp，设置场景单位与精确度。

2.激活"矩形"工具，或输入快捷键"R"，绘制一个400mm×1690mm矩形（图3-38）。

3.激活"推/拉"工具，或输入快捷键"P"，单击矩形，推拉890mm高度（图3-39）。

4.激活"选择"工具，按住Ctrl键，加选顶部左右线条及后面线条，激活"偏移"工具或输入快捷键"F"，偏移40mm（图3-40）。

5.激活"直线"工具，在左右两边添加直线（图3-41）。

6.激活"推拉"工具，往下推拉40mm（图3-42）。

7.激活"卷尺"工具，添加距离40mm辅助线，并用"直线"工具绘制直线（图3-43）。

8.激活"卷尺"工具，添加距离180mm辅助线，并用"直线"工具绘制直线（图3-44）。

9.再次激活"卷尺"工具，添加距离20mm辅助线，并用"直线"工具绘制直线（图3-45）。

10.激活"橡皮擦"工具，默认快捷键"E"，删除辅助线，激活"直线"工具，绘制中线（图3-46）。

11.激活"卷尺"工具，添加距离中线10mm辅助线，并用"直线"工具绘制直线（图3-47）。

12.激活"橡皮擦"工具，删除辅助线，用"推拉"工具往里推拉，推拉精确距离360mm（图3-48）。

13.双击另一个推拉面，推拉相同距离360mm（图3-49）。

14.激活"推/拉"工具，柜子下半部分往里推拉25mm（图3-50）。

15.激活"卷尺"工具，上边线往下添加20mm辅助线，下边线往上添加50mm辅助线，并用"直线"工具绘制直线（图3-51）。

16.选择下边线，将直线拆分成三段（图3-52）。

17.激活"直线"工具，添加直线成三个等同面（图3-53）。

18.激活"卷尺"工具，在直线两边各添加2mm辅助线，并用"直线"工具绘制直线（图3-54）。

19.按Ctrl键选择所添加的两条直线，激活"移动"工具，基点选择中线上部端点，并按Ctrl键复制线条至右边中

线位置（图3-55）。

20.激活"橡皮擦"工具，删除辅助线和中间多余的线条，激活"推拉"工具，将柜门往外推拉20mm（图3-56）。

21.激活"材质"工具，其默认快捷键"B"，为模型上材质，完成效果（图3-57）。

五、圆形工具

在 SketchUp中，圆是由若干首尾相接的线段组成的。单击"圆"工具，或输入默认快捷键"C"，在绘图区域点击鼠标左键，确定圆心位置，从圆心位置向外移动鼠标，点击确定圆的半径（图3-58）。

圆的边数的设置形式：xs（最少3条边），例如8s表示8条边，16s代表16边形（图3-59~图3-61）。

圆的半径设置：激活"圆"工具，在绘图区域

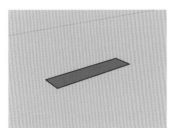

图3-38 绘制矩形

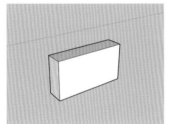

图3-39 推拉890mm

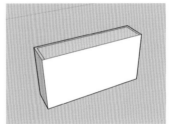

图3-40 偏移40mm

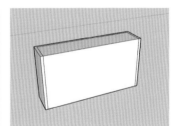

图3-41 左右两侧添加直线

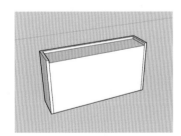

图3-42 向下推拉40mm

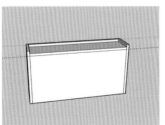

图3-43 添加辅助线

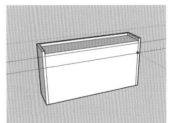

图3-44 添加辅助线

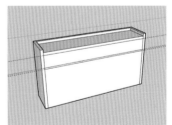

图3-45 再次添加辅助线

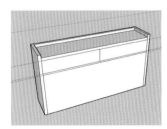

图3-46 添加中线

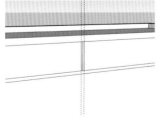

图3-47 添加辅助线

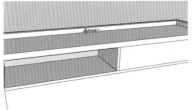

图3-48 推拉捕捉

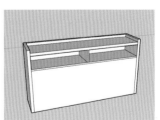

图3-49 双击推拉

点击鼠标左键，确定圆心位置，从圆心位置向外移动鼠标，点击确定圆的半径，在数据框中输入半径值1000（图3-62）。

小技巧：①圆工具的快捷键是"C"；②圆心的捕捉可以通过移动鼠标，在圆的边线上靠一下，即能准确捕捉圆心；③圆是一个特殊的多边形，可以通过"图元信息"面板中的"段数"来修改圆的边数。

六、实例——绘制茶几

通过实例介绍"圆"工具绘制茶几模型的方法。

1. 打开SketchUp，设置场景单位与精确度。

2. 激活"圆"工具，或输入默认快捷键"C"，绘制一个半径为350mm的圆（图3-63）。

3. 激活"推/拉"工具，或输入快捷键"P"，推拉20mm高度（图3-64）。

4. 激活"偏移"工具，其默认快捷键为F，在底部偏移30mm（图3-65）。

5. 激活"推拉"工具，按Ctrl键复制推拉30mm（图3-66）。

6. 选择底部面，激活"移动"工具，按Ctrl键，沿蓝轴向下复制距离405mm（图3-67）。

7. 激活"推拉"工具，将复制的面向上推拉20mm（图3-68）。

8. 激活"偏移"工具，外圈圆向内偏移15mm（图3-69）。

9. 选择偏移后的圆，在右击菜单中选择拆分，数值输入4，将圆4等分（图3-70）。

10. 绘制茶几腿。激活"圆"工具，绘制半径12mm圆，激活"推拉"工具，推拉高度385mm（图3-71）。

11. 选择茶几腿，在右击的快捷菜单中选择"创建群组"（图3-72）。

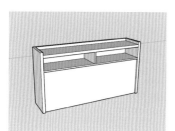

图3-50　向里推拉25mm

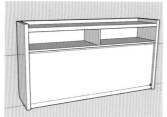

图3-51　添加辅助线

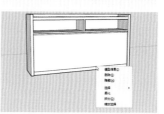

图3-52　拆分直线

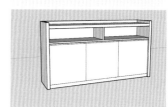

图3-53　添加直线

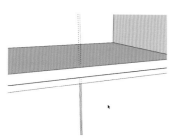

图3-54　添加辅助线

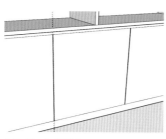

图3-55　复制线条

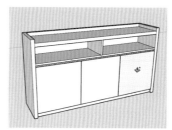

图3-56　向外推拉20mm

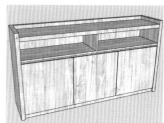

图3-57　完成效果图

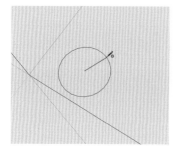

图3-58　圆

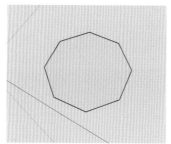

图3-59　8边形

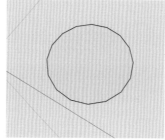

图3-60　16边形

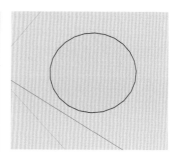

图3-61　24边形

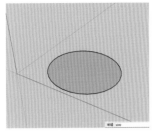

图3-62　圆的半径设置

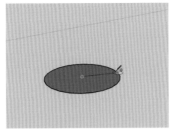

图3-63　绘制圆

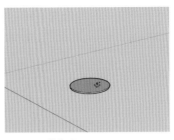

图3-64　推拉20mm

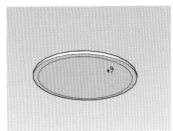

图3-65　偏移30mm

图3-66　推拉30mm

图3-67　移动复制面

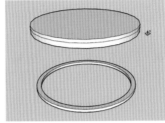

图3-68　推拉20mm

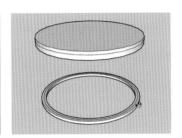

图3-69　偏移15mm

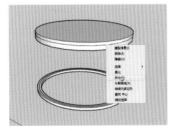

图3-70　圆4等分

图3-71　绘制茶几腿

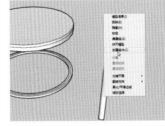

图3-72　创建群组

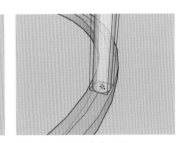

图3-73　移动对齐茶几腿

12.激活"移动"工具，在"样式"工具栏中单击"X光透视模式"，打开透视模式，以圆心为基点，移动对齐至等分点（图3-73）。

13.激活"移动"工具，按Ctrl键移动复制至其他等分点位置，关闭"X光透视模式"（图3-74）。

14.激活"橡皮擦"工具，删除多余线条，激活"材质"工具，赋予模型材质，完成效果图（图3-75）。

七、正多边形工具

使用"多边形"工具能绘制边数大于3的正多边形。单击"多边形"工具，点击绘图区域，确定正多边形中心位置，从中心位置往外移动鼠标以确认半径大小，在数据框输入半径值1000，按回车键确认，并再次输入"7s"并按回车键，确定多边形的边数为7（图3-76、图3-77）。

小技巧："多边形"工具与"圆"工具操作方法相同，唯一的区别在于拉伸之后，"圆"工具拉伸后绘制出的边线会自动柔化，"多边形"工具拉伸后绘制出的边线则不会自动柔化（图3-78）。

八、实例——绘制围树椅

通过实例介绍"多变形"工具绘制围树椅模型的方法。

1.打开SketchUp，设置场景单位与精确度。

2.激活"多边形"工具，绘制一个内切圆半径为1000mm的六边形（图3-79）。

3.激活"偏移"工具，向内偏移100mm（图3-80）。

4.再向内偏移20mm和100mm，共重复三次（图3-81）。

5.激活"直线"工具（图3-82），给六边形添加直线。

6.删除多余的面和线（图3-83）。

7.选择所有平面，在右键快捷菜单中选择"反转平面"，将所选面反转成正面（图3-84）。

8.激活"推拉"工具，按Ctrl键向上推拉100mm（图3-85）。

9.绘制树椅腿。激活"矩形"工具，绘制100mm×100mm矩形，激活"推拉"工具，向下推拉450mm（图3-86）。

10.激活"矩形"工具（图3-87），绘制100mm×100mm矩形。

11.激活"推拉"工具，推拉316mm（图3-88）。

12.激活"矩形"工具（图3-89），绘制100mm×100mm矩形。

13.激活"推拉"工具，向下推拉350mm（图3-90）。

14.选择树椅腿，创建群组（图3-91）。

15.将树椅腿成组，激活"移动"工具，捕捉中点对齐（图3-92）。

16.选择椅子面，创建群组，在中间绘制一条辅助直线（图3-93）。

17.选择树椅腿，激活"旋转"工具，其默认快捷键为"Q"，捕捉直线中点为旋转中心点，按Ctrl键旋转复制，单击六边形某一个角点为起始旋转点，再单击相邻一个角点作为旋转复制终点，在数值输入"X5"，即旋转复制5个（图3-94）。

18.删除辅助直线，激活"材质"工具，赋予模型材质，完成效果（图3-95）。

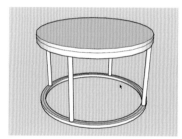

图3-74 移动复制其他茶几腿

图3-75 完成效果图

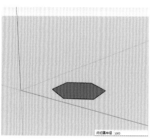

图3-76 正多边形内切圆半径

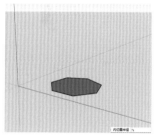

图3-77 正多边形边数

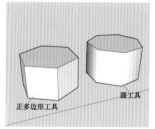

图3-78 推拉后比较

图3-79 绘制六边形

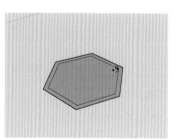

图3-80 偏移100mm

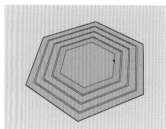

图3-81 偏移重复三次

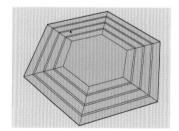

图3-82 添加直线

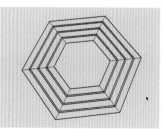

图3-83 删除多余的面和线

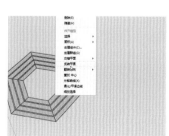

图3-84 反转平面

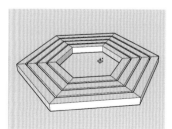

图3-85 推拉100mm高度

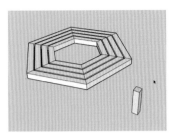

图3-86 绘制腿

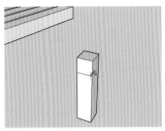

图3-87 绘制矩形

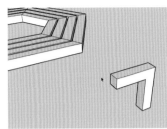

图3-88 推拉316mm

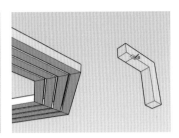

图3-89 下方绘制矩形

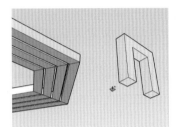

图3-90 推拉350mm

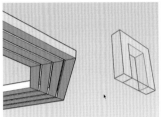

图3-91 创建群组

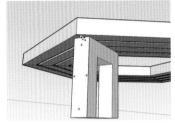

图3-92 移动腿

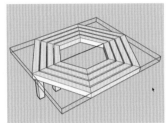

图3-93 添加辅助直线

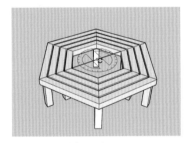

图3-94 旋转复制5个

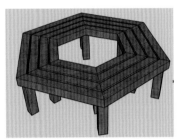

图3-95 围树椅完成效果图

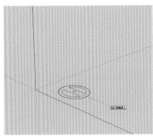

图3-96 圆弧

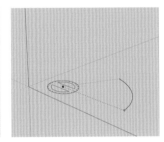

图3-97 圆弧

九、圆弧工具

1.从中心和两点绘制圆弧

点击"圆弧"工具，光标将会变成一个量角器状态，在绘图区域点击鼠标左键，确定圆弧的圆心，鼠标从圆心往外移动确定圆弧起点和终点（图3-96、图3-97）。

精确绘制圆弧的操作方法同圆工具，可在数据输入框中输入圆弧半径值、角度值及段数。

2.两点画圆弧

点击"圆弧"工具，或输入默认快捷键"A"，在绘图区域中点击确定圆弧起点，移动鼠标点击左键确定第二个端点，再次移动鼠标指定弧高，以确定所绘制的圆弧（图3-98、图3-99）。

也可以在绘制过程中在输入框输入起点和端点之间的距离、弧高及圆弧段数。

3.三点画圆弧

点击"3点画弧"工具，点击设置圆弧的起点，从

起点移开光标，单击以设置第二个点。圆弧将始终通过该点，将光标移动至端点，测量框中将出现一个角度，你可输入一个准确的值，点击完成圆弧的绘制（图3-100）。

4.扇形

"扇形"工具操作同"圆弧"工具，产生扇形面（图3-101）。

十、手绘线

"手绘线"工具用于绘制不规则的手绘曲线，点击曲线的起点并按住鼠标左键不放，拖动光标开始绘图，松开鼠标按键停止绘制，将曲线终点设在起点处可绘制闭合形状（图3-102）。

十一、实例——绘制组合书柜

通过实例介绍"圆形"工具及"圆弧"工具绘制组合

书柜模型的方法。

1.打开SketchUp，设置场景单位与精确度。

2.激活"矩形"工具 ，或输入快捷键"R"，绘制一个500mm×1200mm矩形（图3-103）。

3.激活"推/拉"工具 ，或输入快捷键"P"，单击矩形，推拉140mm高度（图3-104）。

4.激活"偏移"工具 ，或输入快捷键"F"，将前面一个面的边偏移20mm（图3-105）。

5.激活"直线"工具 ，或输入快捷键"L"，捕捉中点，绘制直线（图3-106）。

6.激活"圆形"工具，或输入快捷键"C"，绘制半径为35mm的圆（图3-107）。

7.激活"推拉"工具，或输入快捷键"P"，向下推拉610mm（图3-108）。

8.选择底部圆形面，激活"缩放"命令，或输入快捷键"S"，按住Ctrl中心等比缩放，比例因子为0.7（图3-109）。

9.选择底部圆形面，激活"移动"工具，或输入快捷键"M"，以圆心为基点，沿绿轴移动80mm（图3-110）。

10.选择桌腿，点击鼠标右键，在弹出的快捷菜单中选择"创建群组"（图3-111）。

11.激活"卷尺"工具，或输入快捷键"T"，在桌子底部添加130mm和50mm两条辅助线（图3-112）。

12.切换至透视显示模式，选择桌腿，激活"移动"工具，捕捉顶部圆心，移动至辅助线交叉位置（图3-113）。

13.复制桌子腿至另一端辅助线交叉位置（图3-114）。

14.激活"圆形"工具，或输入快捷键"C"，在抽屉表面中心位置绘制半径为12mm的圆双击圆并点击鼠标右键，在出现的快捷菜单中选择"创建群组"（图3-115）。

15.双击群组进入群组编辑状态，激活"推拉"工具，推拉高度30mm，在空白处单击鼠标左键退出编辑（图3-116、图3-117）。

16.激活"移动"工具，或输入快捷键"M"，按Ctrl

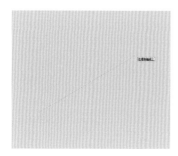
图3-98　两点画圆弧

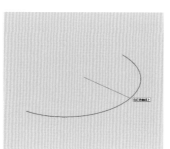
图3-99　两点画圆弧

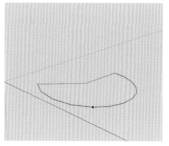
图3-100　3点画圆弧

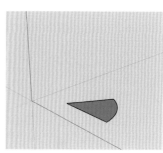
图3-101　扇形

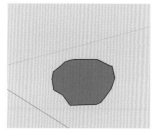
图3-102　手绘线

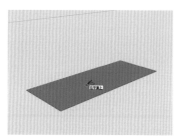
图3-103　绘制长方形

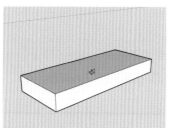
图3-104　推拉140mm

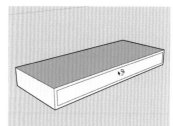
图3-105　偏移20mm

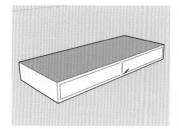
图3-106　绘制中线

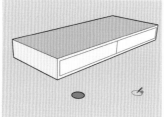
图3-107　绘制圆

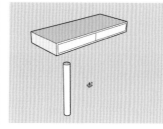
图3-108　推拉

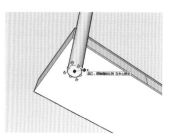
图3-109　缩放桌腿

键复制抽屉把手（图3-118）。书桌模型完成。

17.绘制矮柜。激活"矩形"工具，或输入快捷键"R"，绘制500mm×490mm矩形（图3-119）。

18.激活"推拉"工具，或输入快捷键"P"，往下推拉高度490mm（图3-120）。

19.激活"偏移"工具，或输入快捷键"F"，在矮柜前面向内偏移20mm（图3-121）。

20.选择垂直边线，点击鼠标右键，在弹出的快捷菜单中选择拆分，数值输入3，将直线拆分成3段（图3-122）。

21.激活"直线"工具，或输入快捷键"L"，添加直线（图3-123）。

22.激活"推拉"工具，或输入快捷键"P"，向内推拉480mm（图3-124）。

23.激活"偏移"工具，或输入快捷键"F"，将底部面向内偏移60mm（图3-125）。

24.再次向内偏移20mm（图3-126）。

25.激活"推拉"工具，或输入快捷键"P"，向下推

拉50mm（图3-127）。

26.绘制矮柜腿。激活"圆形"工具，或输入快捷键"C"，绘制半径为35mm的圆（图3-128）。

27.激活"推拉"工具，或输入快捷键"P"，向下推拉120mm（图3-129）。

28.选择底部圆，激活"缩放"工具，或输入快捷键"S"，按Ctrl键中心等比缩放，比例因子0.7（图3-130）。

29.选择底部圆，激活"移动"工具，或输入快捷键"M"，沿绿轴移动30mm（图3-131）。

30.选择矮柜腿，创建组件，激活"移动"工具，或输入快捷键"M"，打开透视模式，移动至矮柜底部，圆心对齐角点（图3-132）。

31.激活"移动"工具，按Ctrl键移动复制腿至后面一个角点（图3-133）。

32.选择前后两个腿，沿绿轴复制一组（图3-134）。

33.点击鼠标右键，在出现的快捷菜单中选择"翻转方

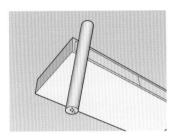
图3-110　移动桌腿

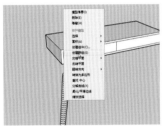
图3-111　创建桌腿组件

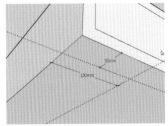
图3-112　添加辅助线

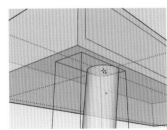
图3-113　移动桌腿

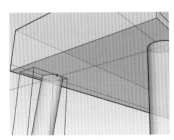
图3-114　复制桌腿

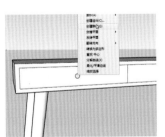
图3-115　创建抽屉把手群组

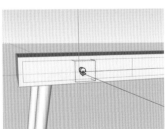
图3-116　推拉30mm

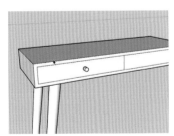
图3-117　抽屉把手完成效果

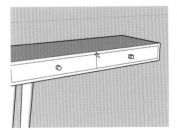
图3-118　复制抽屉把手

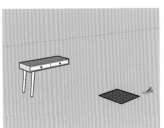
图3-119　创建矮柜

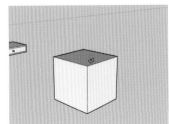
图3-120　推拉490mm

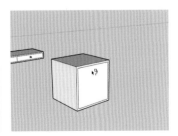
图3-121　偏移20mm

向""绿轴方向"（图3-135）。

34.打开透视模式，激活"移动"工具，或输入快捷键"M"，移动对齐圆心和角点（图3-136）。

35.分别将书桌和矮柜创建群组，并按如图位置对齐（图3-137）。

36.创建书柜。激活"矩形"工具，或输入快捷键"R"，绘制300mm×600mm矩形，并向上推拉990mm（图3-138）。

37.激活"卷尺"工具，或输入快捷键"T"，添加20mm、240mm、20mm、300mm、20mm辅助线，并用"直线"工具补线（图3-139）。

38.删除辅助线，激活"直线"工具，或输入快捷键"L"，在顶部补线（图3-140）。

39.激活"卷尺"工具，或输入快捷键"T"，添加100mm、20mm辅助线，并激活"直线"工具，添加直线（图3-141）。

40.激活"推拉"工具，向内推拉280mm（图3-142）。

41.选择左侧直线，点击鼠标右键，在出现的快捷菜单中选择拆分，数值输入3（图3-143）。

42.激活"直线"工具，添加直线（图3-144）。

43.激活"卷尺"工具，在直线两侧添加10mm辅助线，并用直线工具添加直线（图3-145）。

44.选择多余的线条按Delete键删除（图3-146）。

45.激活"推拉"工具，向内推拉280mm（图3-147）。

46.激活"推拉"工具，将右侧中间隔板向内推拉20mm（图3-148）。

47.激活"矩形"工具，在右侧绘制矩形门（图3-149）。

48.激活"偏移"工具，向内偏移40mm（图3-150）。

49.删除中间矩形面，激活"推拉"工具，按Ctrl键向内推拉20mm（图3-151）。

50.选择门框表面，点击鼠标右键，选择"反转平面"（图3-152）。

51.激活"矩形"工具，绘制矩形（图3-153）。

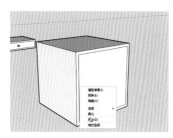
图3-122　三等分直线

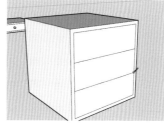
图3-123　添加直线

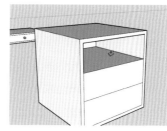
图3-124　向内推拉

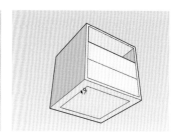
图3-125　向内偏移

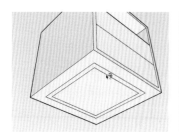
图3-126　向内偏移20mm

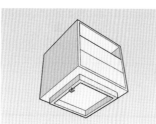
图3-127　向下推拉

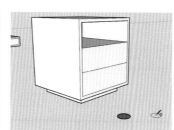
图3-128　绘制矮柜腿

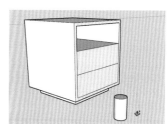
图3-129　推拉腿

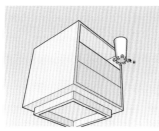
图3-130　缩放腿

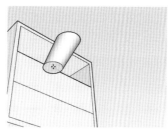
图3-131　移动矮柜腿

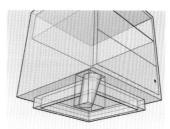
图3-132　移动矮柜腿

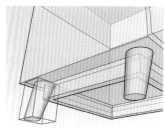
图3-133　复制腿

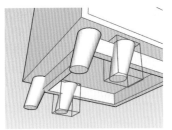

图3-134　复制一组腿

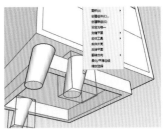

图3-135　沿绿轴翻转

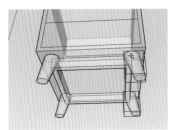

图3-136　移动对齐

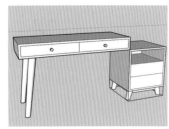

图3-137　创建群组

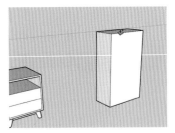

图3-138　创建书柜

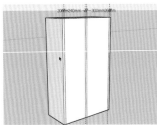

图3-139　添加辅助线

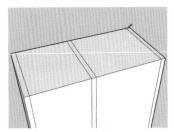

图3-140　顶部补线

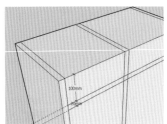

图3-141　添加辅助线并补线

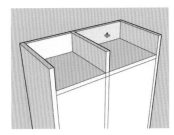

图3-142　推拉280mm

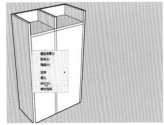

图3-143　三等分

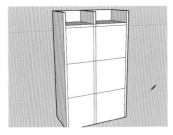

图3-144　添加直线

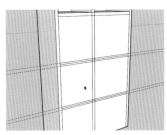

图3-145　添加辅助线

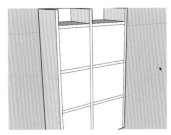

图3-146　清理多余线条

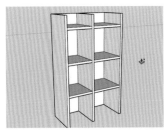

图3-147　向内推拉

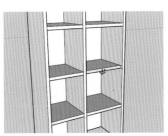

图3-148　向内推拉20mm

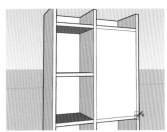

图3-149　绘制矩形

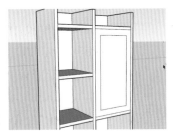

图3-150　向内偏移

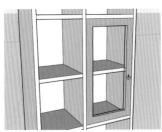

图3-151　复制推拉

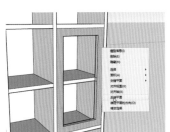

图3-152　反转平面

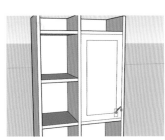

图3-153　绘制矩形

52.激活“推拉”工具，向内推拉10mm（图3-154）。

53.将视图旋转至底部，激活“直线”工具，在书柜底部添加直线（图3-155）。

54.激活“推拉”工具，往上推拉140mm（图3-156）。

55.激活“卷尺”工具，在书柜顶部侧面添加80mm两条辅助线（图3-157）。

56.激活“圆弧”工具，或输入快捷键“A”，绘制圆弧（图3-158）。

57.激活“移动”工具，按Ctrl键复制圆弧（图3-159）。

58.激活“推拉”工具，推拉掉直角（图3-160）。

59.激活“橡皮擦”工具，或输入快捷键“E”，按Ctrl键柔化边缘处理（图3-161）。

60.选择书柜模型，创建群组，移动对齐书桌。再次移动底部矮柜，使其与书柜右侧对齐（图3-162）。

61.激活“材质”工具，或输入快捷键“B” 赋予材质（图3-163）。

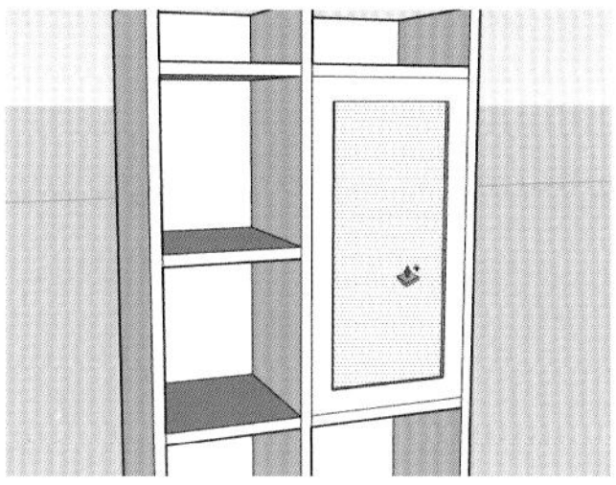
图3-154 向内推拉

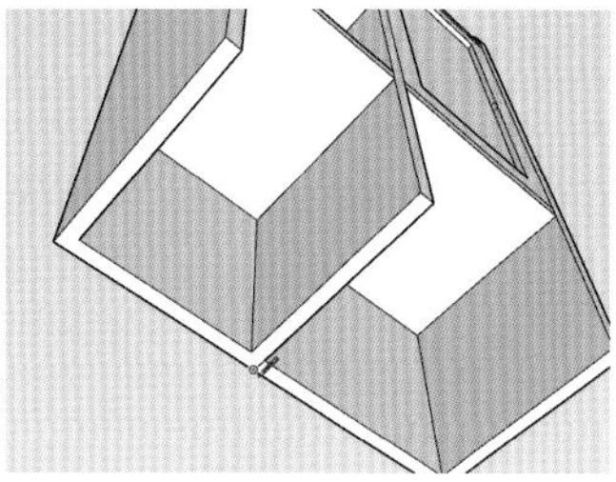
图3-155 添加直线

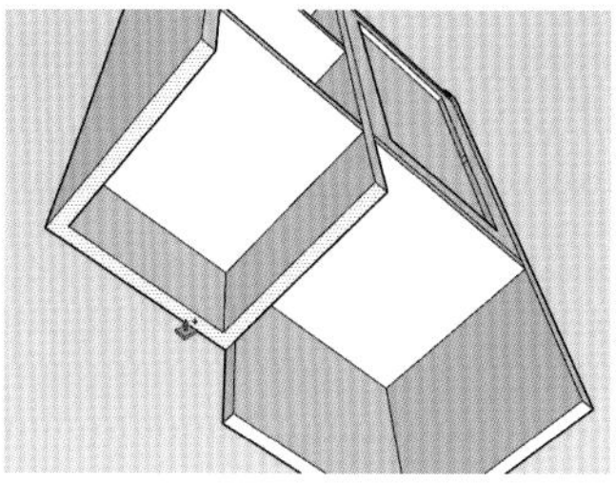
图3-156 往上推拉

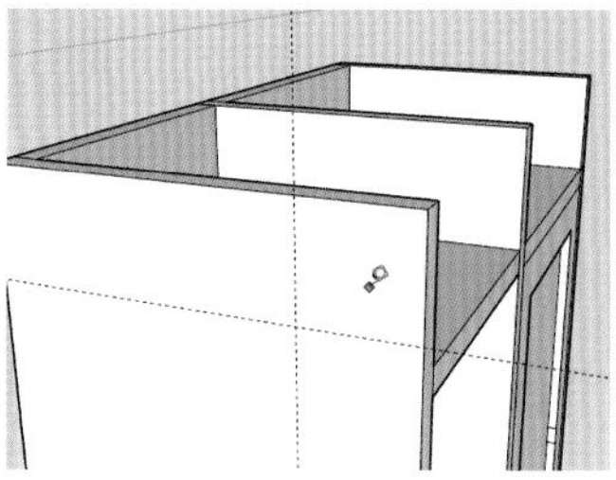
图3-157 添加辅助线

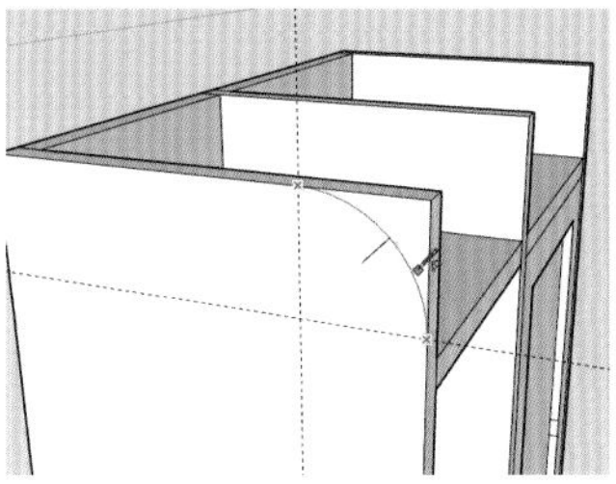
图3-158 绘制圆弧

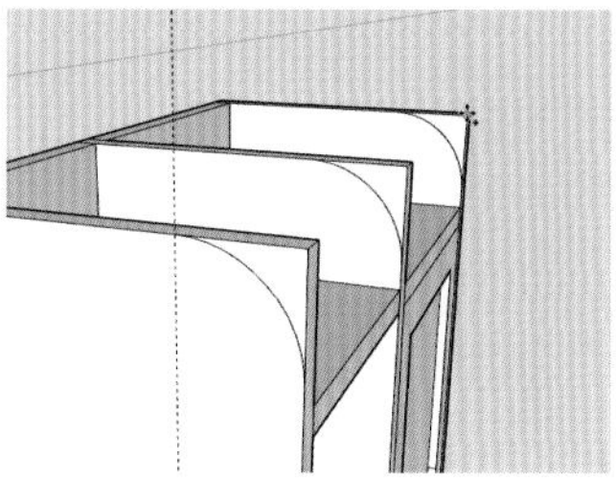
图3-159 复制圆弧

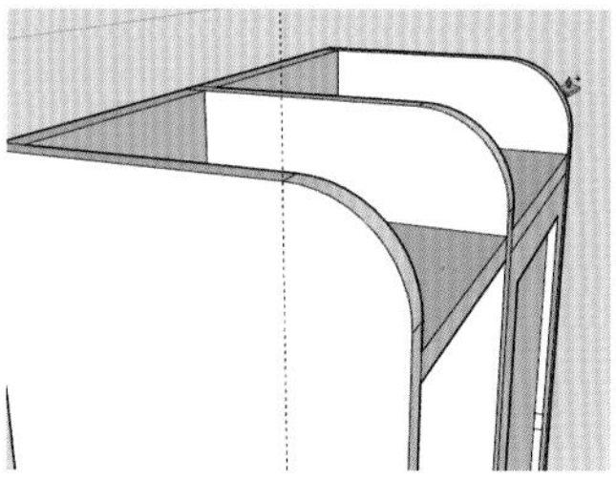
图3-160 推拉圆弧

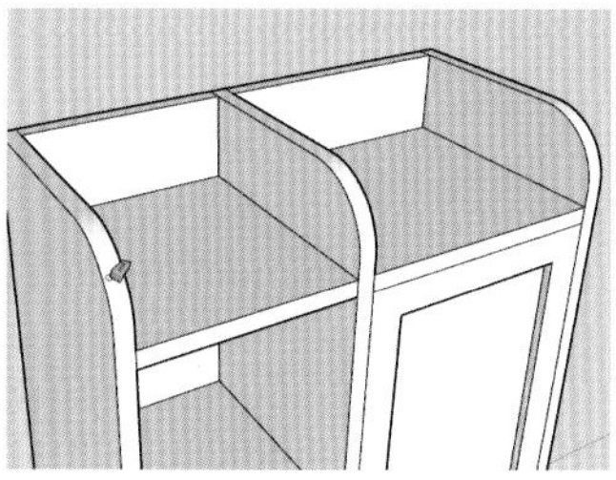
图3-161 柔化边缘

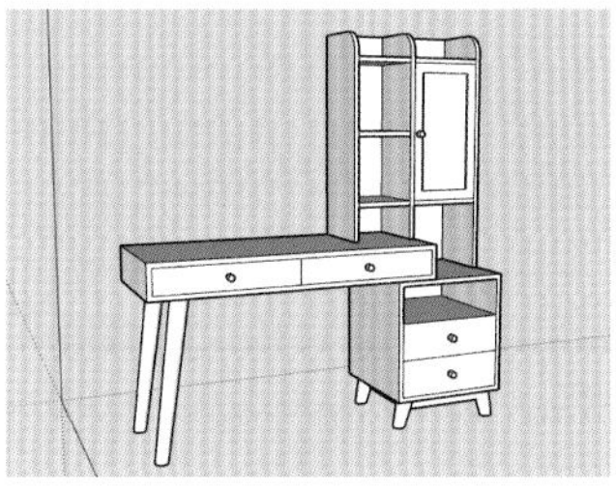
图3-162 完成模型

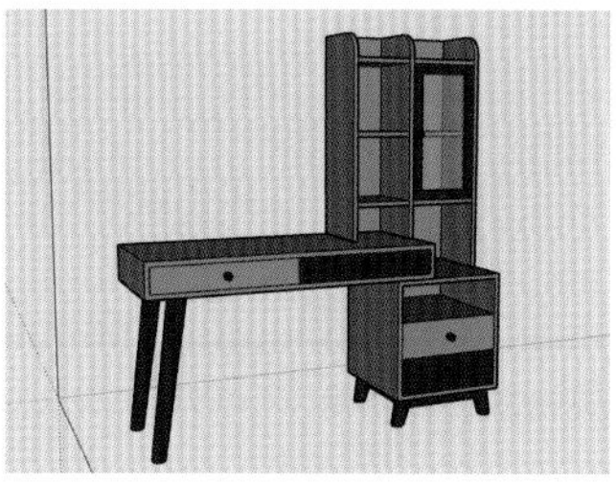
图3-163 完成效果图

第二节 SketchUp2018编辑工具

SketchUp“编辑”工具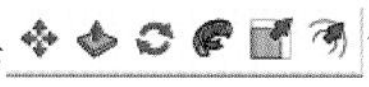包含了“移动”“推/拉”“旋转”“路径跟随”“缩放”“偏移”6个工具。“推/拉”和“路径跟随”工具是主要生成三维模型的编辑工具，而“移动”“旋转”“缩放”“偏移”主要是用于模型形态、位置的变化及模型的复制。

一、推拉工具

"推拉"工具可以方便地把二维平面推拉成三维几何体，也能增加或减少三维物体的体积。单击"编辑"工具栏中的"推拉"工具 按钮或执行"工具"菜单下的"推拉"命令即可启动该工具，其默认的快捷键是"P"。

1.推拉面

（1）我们在场景中创建一个平面，单击"推拉"工具 ，点击平面，移动鼠标可推拉平面，再次点击鼠标左键完成推、拉操作，形成三维模型（图3-164）。

（2）推拉后我们可以直接在输入框中输入推拉距离值500，确定推拉精确距离，如果所输入的值为负值，表示推拉方向相反（图3-165）。

（3）在应用了推拉工具后，接着鼠标左键双击其他面可直接应用上次推拉的参数，而不需要重复推拉操作（图3-166）。

（4）在应用了推拉工具后，再次激活"推拉"工具，同时按住Ctrl键推拉将创建新的起始面，双击其他平面可应用上次推拉参数（图3-167）。

二、实例——绘制电视柜及边柜组合模型

通过实例介绍"推拉"工具绘制组合书柜模型的

方法。

1.打开SketchUp，设置场景单位与精确度。

2.激活"矩形"工具 ，或输入快捷键"R"，绘制一个400mm×1800mm矩形（图3-168）。

3.激活"偏移工具"工具 ，向内偏移30mm距离（图3-169）。

4.激活"圆弧"工具 ，从中心和两点绘制圆弧，重复画"圆弧"命令，在四个角上分别添加圆弧（图3-170）。

5.删除多余的线条，使其成为圆角矩形（图3-171）。

6.激活"推拉"工具，向上推拉20mm（图3-172）。

7.激活"直线"工具，捕捉圆弧切点和圆心，分别在底部四个角上添加直线（图3-173）。

8.激活"推拉"工具，选择圆角区域向下推拉380mm，形成柜子腿（图3-174）。

9.激活"推拉"工具，选择中间底部面，按Ctrl键推拉240mm，再次按Ctrl键推拉40mm（图3-175）。

10.如图3-176所示选择直线，在直线上右击鼠标，在弹出的快捷菜单中选择"拆分"，段数输入4（图3-177）。

11.激活"直线"工具，添加直线（图3-178）。

12.激活"卷尺"工具，添加辅助线，距离上边线110mm（图3-179）。

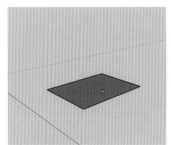

图3-164 推拉平面

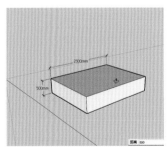

图3-165 精确推拉

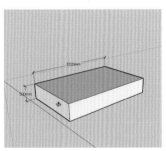

图3-166 双击

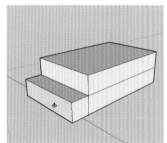

图3-167 推拉创建新起始面

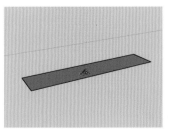

图3-168 绘制矩形

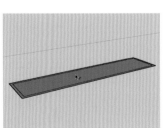

图3-169 向内偏移

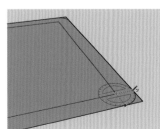

图3-170 绘制圆弧

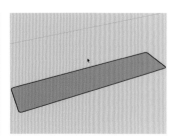

图3-171 删除多余线条

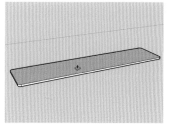

图3-172　推拉20mm

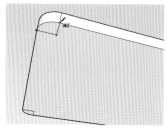

图3-173　添加直线

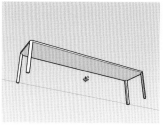

图3-174　推拉柜子腿

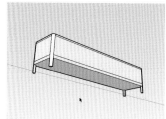

图3-175　推拉2次

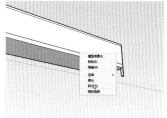

图3-176　拆分线段

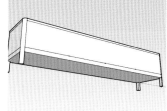

图3-177　等分直线

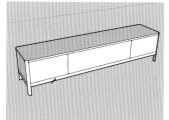

图3-178　添加直线

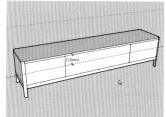

图3-179　添加辅助线

13.激活"直线"工具，在辅助线位置添加直线，删除辅助线（图3-180）。

14.激活"直线"工具，捕捉中点绘制抽屉直线（图3-181）。

15.绘制把手。激活"矩形"工具，先捕捉门两边的中心点确定门的中心位置（鼠标移至中点捕捉，不要点击），按Ctrl键从中心绘制150mm×25mm矩形（图3-182）。

16.激活"圆弧"工具，在把手两端绘制半圆弧，并删除多余的线条（图3-183）。

17.选择把手图形，激活"移动"工具，按Ctrl键，以左上角点为基点，移动复制至另一个门（图3-184、图3-185）。

18.再次激活"移动"工具，以门边中心点为基点，按Ctrl键，复制移动至抽屉中心位置（图3-186、图3-187）。

19.再次复制门把手至另一个抽屉（图3-188）。

20.激活推拉工具，将所有把手向内推拉12mm距离（图3-189）。

21.选择中间格档，激活"推拉"工具，向内推拉380mm（图3-190）。

22.删除内部多余线条（图3-191）。

23.将视图调整至与XZ平面平行，激活"圆弧"工具，在柜面边缘绘制半圆弧（图3-192）。

24.选择柜面，激活"路径跟随"工具，点击半圆，完成柜面边缘圆弧装饰（图3-193、图3-194）。

25.激活"材质"工具，赋予电视柜材质。电视柜完成效果（图3-195）。

26.绘制边柜。激活"矩形"工具，绘制400mm×500mm矩形（图3-196）。

27.激活"偏移"工具，向内偏移30mm（图3-197）。

28.激活"圆弧"工具，分别在四个角上，从中心和两点绘制圆弧（图3-198）。

29.激活"橡皮擦"工具，删除直角和中间矩形线条（图3-199）。

30.激活"推拉"工具，向上推拉20mm（图3-200）。

31.激活"直线"工具，捕捉圆弧切点和圆心，分别在底部四个角上添加直线（图3-201）。

32.激活"推拉"工具，向下推拉1100mm（图3-202）。

33.激活"推拉"工具，按Ctrl键将中间面向下推拉980mm和20mm（图3-203）。

34.选择柜子边线，在右击菜单中选择"拆分"，段数输入3（图3-204）。

35.激活"直线"工具，在等分点添加直线（图3-205）。

36.激活"移动"工具，选择第一条直线，按Ctrl键，往上复制一条直线，距离为10mm。再次选择第一条直线，激活"移动"工具，按Ctrl键，往下复制一条直线，距离为

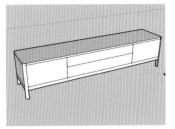

图3-180 添加直线

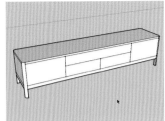

图3-181 添加直线

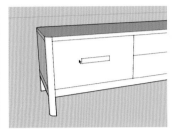

图3-182 绘制矩形

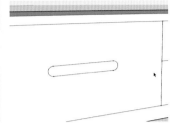

图3-183 绘制圆弧

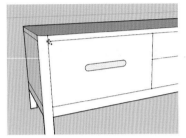

图3-184 移动复制门把手

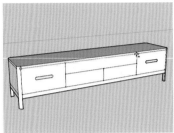

图3-185 复制后效果

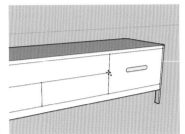

图3-186 复制抽屉把手

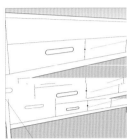

图3-187 抽屉把手复制效果

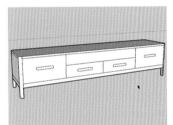

图3-188 复制完成效果

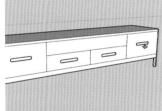

图3-189 推拉把手

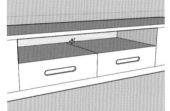

图3-190 推拉380mm

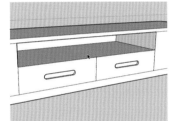

图3-191 删除内部多余线条

图3-192 绘制半圆弧

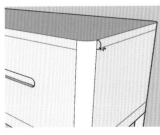

图3-193 绘制柜面边缘

图3-194 完成边缘效果

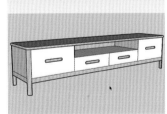

图3-195 电视柜效果图

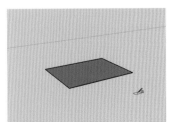

图3-196 绘制矩形

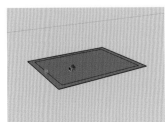

图3-197 向内偏移

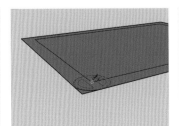

图3-198 绘制圆弧

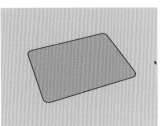

图3-199 完成的圆角矩形

10mm（图3-206）。

37.删除中间直线（图3-207）。

38.激活"推拉"工具，上下空格位置往里推拉380mm，隔板往里推拉20mm（图3-208）。

39.激活"橡皮擦"工具，删除内部两侧多余线条（图3-209）。

40.绘制门。激活"矩形"工具，捕捉对角端点，在空格处添加矩形（图3-210）。

41.激活"偏移"工具，向内偏移40mm（图3-211）。

42.选择中间面，点击"Delete"按钮，删除面（图3-212）。

43.激活"推拉"工具，选择门框，按Ctrl键往里推拉

20mm（图3-213）。

44.选择门框表面，单击鼠标右键，在弹出的菜单中选择"反转平面"（图3-214、图3-215）。

45.制作门玻璃。激活"矩形"工具，捕捉门边框角线左上角中点（图3-216）。再次捕捉右下角线中点，绘制出矩形效果（图3-217、图3-218）。

46.在抽屉位置用"直线"工具添加分割线，形成上下两个抽屉。选择电视柜抽屉把手，激活"移动"工具，按Ctrl键，移动复制至边柜抽屉位置，在下方再复制一组抽屉把手（图3-219、图3-220）。

47.激活"圆弧"工具，将视图调整至与XZ平面平行状态，用起点、终点和凸起部分画圆弧的方法，在顶部边

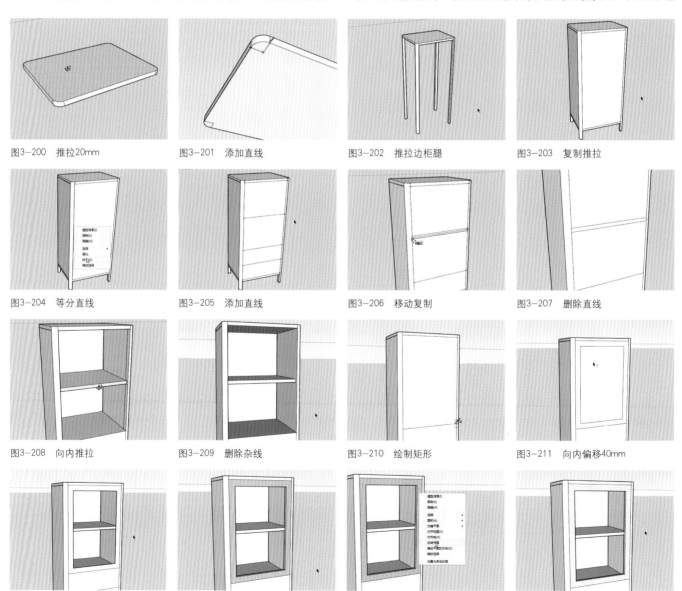

图3-200　推拉20mm　　　　图3-201　添加直线　　　　图3-202　推拉边柜腿　　　　图3-203　复制推拉

图3-204　等分直线　　　　图3-205　添加直线　　　　图3-206　移动复制　　　　图3-207　删除直线

图3-208　向内推拉　　　　图3-209　删除杂线　　　　图3-210　绘制矩形　　　　图3-211　向内偏移40mm

图3-212　删除面　　　　图3-213　向内推拉　　　　图3-214　反转表面　　　　图3-215　反转后效果

缘部分绘制半圆弧（图3-221）。

48.选择顶部面，激活"路径跟随"工具，点击半圆弧，完成顶部装饰弧线（图3-222、图3-223）。

49.激活"材质"工具，赋予边柜材质（图3-224）。

50.用相同方式再绘制一组高边柜，完成组合效果图（图3-225）。

三、移动工具

在SketchUp 中，"移动"工具不但可以进行对象的移动，同时还具备了拉伸和复制的功能。单击"编辑"工具栏中的"移动"工具❖按钮或执行"工具"菜单下的"移动"命令即可启动该工具，其默认的快捷键是"M"。

1.移动对象

（1）三击长方体选择模型，单击"移动"工具❖按钮，点击鼠标左键确定移动基点，鼠标向目标方向移动至新的位置，点击完成移动操作（图3-226）。

（2）移动后我们可以直接在输入框中输入移动距离值1000，按回车键确定移动精确距离（图3-227）。

小技巧：按住Shift键可以分别锁定X/Y/Z三个轴向移动。

2.移动复制对象

（1）选择移动对象，单击"移动"工具❖按钮，同时按Ctrl键，移动光标右下角会出现"+"号，单击确定基点，移动鼠标到目标位置，即可移动复制模型对象（图3-228）。

（2）移动后我们可以直接在输入框中输入移动复制距离值1000，按回车键确定移动复制精确距离（图3-229）。

（3）如要复制多个对象，在完成一个复制后，在输入框中输入"X个数"或"/个数"。如复制对象个数是5个，输入框中输入"X5"，表示以前面复制物体的间距为依据，复制相同距离的5个物体（图3-230）；输入框中输入"/5"，表示在复制的间距内等分复制5个物体（图

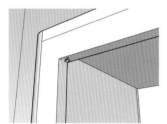
图3-216 捕捉中点

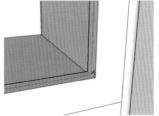
图3-217 捕捉右下角中点

图3-218 完成玻璃绘制

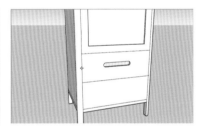
图3-219 移动复制抽屉把手

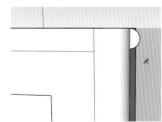
图3-220 绘制半圆弧

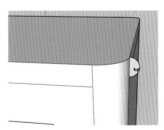
图3-221 点击半圆弧

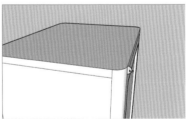
图3-222 路径跟随选取半圆弧

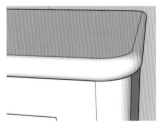
图3-223 柜边装饰效果

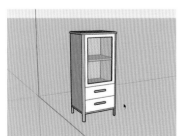
图3-224 赋予边柜材质

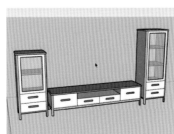
图3-225 整体效果图

图3-226 移动模型

图3-227 精确移动

3-231）。

3.移动拉伸对象

"移动"工具不仅能移动或复制整个模型，而且能移动模型物体中的点、线、面元素（图3-232～图3-235）。

四、实例——绘制户外长椅模型

通过实例介绍"移动"工具绘制户外长椅模型的方法。

1.打开SketchUp，设置场景单位与精确度。

2.将视图调整至与YZ平面平行，激活"矩形"工具，绘制一个650mm×60mm矩形（图3-236）。

3.双击鼠标左键，选择绘制完的矩形，激活"移动"工具，按Ctrl键，向右复制移动540mm（图3-237）。

4.选择复制矩形上边，激活"移动"工具，锁定蓝轴，向上移动250mm（图3-238）。

5.激活"直线"工具，捕捉终点添加中线（图3-239）。

6.再次选择矩形上边线，激活"移动"工具，沿绿轴向右移动70mm（图3-240）。

7.激活"直线"工具，捕捉上边中点及左下角角点，添加直线（图3-241）。

8.激活"橡皮擦"工具，删除左边面（图3-242）。

9.激活"直线"工具，锁定绿轴，为座位添加直线（图3-243）。

10.选择直线，激活"移动"工具，按Ctrl键，向下移动复制直线，距离20mm（图3-244）。

11.再次选择复制的直线，按Ctrl键，向下移动复制直线，距离40mm（图3-245）。

12.激活"直线"工具，在垂直线上补线使其形成平面（图3-246）。

13.激活"直线"工具，添加扶手直线（图3-247）。

14.激活"卷尺"工具添加辅助线，距离上边线60mm（图3-248）。

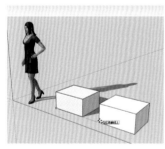

图3-228　复制移动对象

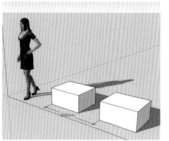

图3-229　精确移动复制

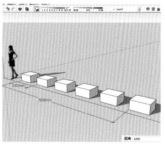

图3-230　复制多个对象

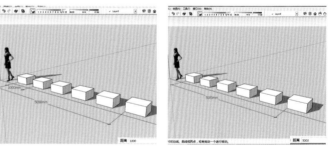

图3-231　复制多个对象

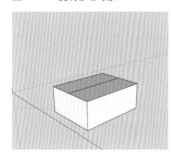

图3-232　原始物体

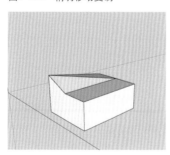

图3-233　点的移动

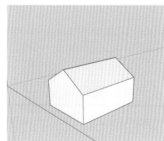

图3-234　线的移动

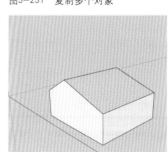

图3-235　面的移动

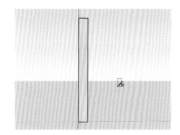

图3-236　绘制矩形

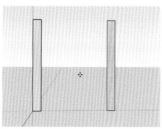

图3-237　移动复制

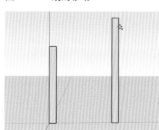

图3-238　向上移动

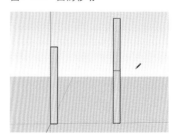

图3-239　添加中线

15.激活"直线"工具添加直线（图3-249）。

16.删除多余的面和辅助线（图3-250）。

17.将所有面推拉60mm，保证正面朝外（图3-251）。

18.选择所有模型，激活"移动"工具，按Ctrl键，沿红轴移动复制一组，距离1760mm（图3-252）。

19.激活"矩形"工具，在椅子靠背位置绘制60mm×20mm矩形（图3-253）。

20.激活"推拉"工具，推拉1700mm（图3-254）。

21.激活"矩形"工具，再次绘制60mm×20mm矩形（图3-255）。

22.激活"推拉"工具，按Ctrl键推拉1700mm（图3-256）。

23.激活"卷尺"工具，椅子靠背处添加辅助线，距离顶部60mm（图3-257）。

24.激活"直线"工具，在辅助线位置添加直线（图3-258）。

25.激活"推拉"工具，按Ctrl键推拉1700mm（图3-259）。

26.激活"推拉"工具，座椅左右两侧部分横档向内推拉10mm，并删除多余的线条（图3-260）。

27.激活"推拉"工具，按Ctrl键，将椅子前后横档向下推拉40mm（图3-261）。

28.再次激活"推拉"工具，前后横档往里推拉10mm，并删除多余线条（图3-262）。

29.激活"卷尺"工具，在椅子靠背位置添加20mm辅助线（图3-263）。

30.激活"直线"工具，在辅助线位置添加直线（图3-264）。

31.删除面和辅助线（图3-265）。

32.激活"直线"工具，锁定与绿轴平行，绘制长度为20mm直线，上下各绘制一条（图3-266）。

33.激活"直线"工具，连接捕捉上下两个端点，使其形成平面（图3-267）。

34.激活"推拉"工具，推拉60mm（图3-268）。

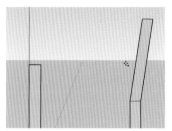

图3-240　沿绿轴移动

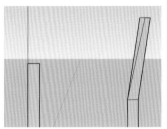

图3-241　添加直线

图3-242　删除面

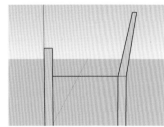

图3-243　添加座位直线

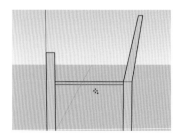

图3-244　移动复制

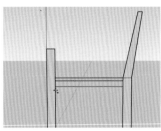

图3-245　再次移动复制

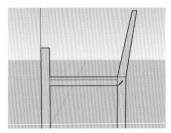

图3-246　画线成面

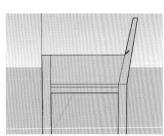

图3-247　添加扶手直线

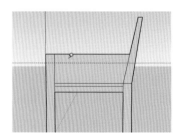

图3-248　添加辅助线

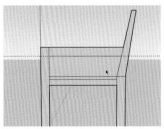

图3-249　添加直线

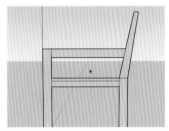

图3-250　删除面和辅助线

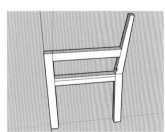

图3-251　推拉面

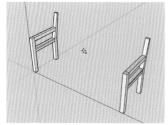

图3-252 复制一组

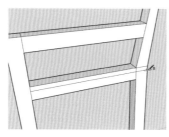

图3-253 绘制矩形

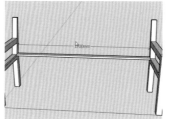

图3-254 推拉

图3-255 绘制矩形

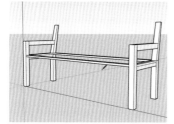

图3-256 推拉

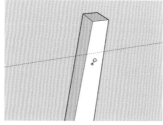

图3-257 添加辅助线

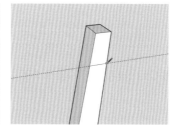

图3-258 添加直线

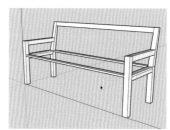

图3-259 推拉

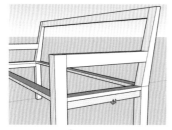

图3-260 向内推拉

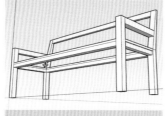

图3-261 向下推拉

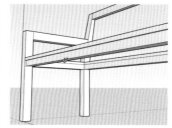

图3-262 向内推拉

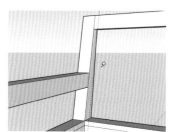

图3-263 添加辅助线

35.选择推拉后形成的靠背面板条模型，激活"移动"工具，按Ctrl键移动复制，距离80mm，输入X20，共复制20个（图3-269）。

36.座位面板制作。选择座位左边面（图3-270）。

37.激活"移动"工具，按Ctrl键，移动复制距离80mm（图3-271）。

38.激活"推拉"工具，向下推拉20mm（图3-272）。

39.选择推拉后形成的座位面板条模型，激活"移动"工具，按Ctrl键，移动复制距离80mm，复制数量X20个（图3-273、图3-274）。

40.调整扶手线条。通过删除和添加直线，调整扶手模型（图3-275）。

41.激活"材质"工具，赋予长椅材质，完成后的效果如图3-276）。

五、旋转工具

在SketchUp中，"旋转"工具不但可以进行对象的旋转，同时还具备了拉伸、扭曲和复制的功能。单击"编辑"工具栏中的"旋转"工具 🔄 按钮或执行"工具"菜单下的"旋转"命令即可启动该工具，其默认的快捷键是"Q"。

1.旋转对象

（1）选择模型，单击"旋转"工具 🔄 ，光标成量角器状态，确定旋转平面单击鼠标，移动鼠标确定旋转起点，然后再次移动鼠标确定旋转终点。

（2）完成旋转后可以在输入框中输入精确的旋转角度（图3-277）。

小技巧：①旋转平面同XY平面平行时光标呈蓝色，旋转平面同XZ平面平行时光标呈绿色，旋转平面同XZ平面平行时光标呈红色，其他状态下光标均呈灰色（图3-278）；

②旋转捕捉角度的设置可以通过"窗口"下拉菜单中的"模型信息"命令，在弹出的"模型信息"对话框中点击"单位"设置角度单位（图3-279）。当对象是组或组件时，用"移动"工具会在表面出现红色标记点，此时可进行旋转操作而无须用"旋转"工具（图3-280）。

2.旋转拉伸对象

除了对模型对象进行旋转外，还可以对模型的点、线、面进行旋转。

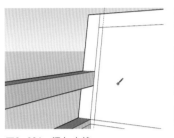
图3-264 添加直线

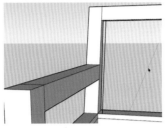
图3-265 删除面

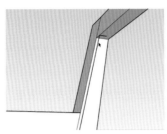
图3-266 绘制直线

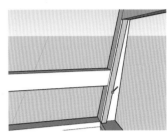
图3-267 连接端点

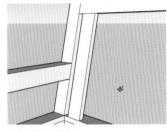
图3-268 推拉

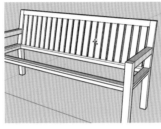
图3-269 移动复制

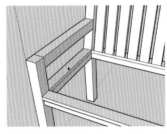
图3-270 选择面

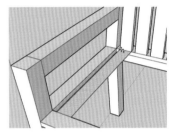
图3-271 移动复制

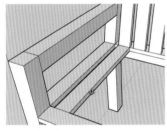
图3-272 向下推拉

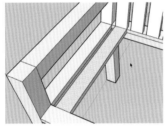
图3-273 选择模型

图3-274 移动复制效果

图3-275 扶手调整后效果

图3-276 完成后效果

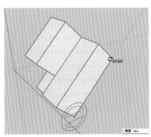
图3-277 旋转对象

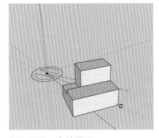
图3-278 旋转平面

图3-279 模型信息

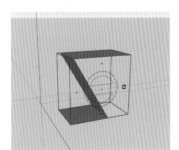
图3-280 移动旋转

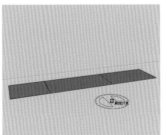
图3-281 选择旋转平面

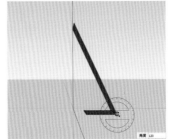
图3-282 旋转角度

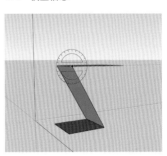
图3-283 旋转完成

（1）选择需要旋转的面，激活旋转工具，单击确定旋转平面，然后确定旋转的起点和终点（图3-281）。

（2）旋转完成后在输入框中输入旋转角度，完成依次旋转（图3-282）。

（3）再次选择最上面所需要旋转的面，激活旋转工具，确定旋转平面，同上完成旋转（图3-283）。

3.旋转复制

"旋转"工具类似"移动"工具也具备了复制的功能，在激活"旋转"工具后同时按住Ctrl键可以旋转并复制对象，操作方法同"移动"工具。

六、实例——绘制收纳凳模型

通过实例介绍"旋转"工具绘制收纳凳模型的方法。

1.打开SketchUp，设置场景单位与精确度。

2.激活"矩形"工具，或输入快捷键"R"，绘制一个500mm×500mm矩形（图3-284）。

3.激活"推拉"工具，或输入快捷键"P"，单击矩形，推拉20mm高度（图3-285）。

4.激活"偏移"工具，选择底部矩形向内偏移20mm（图3-286）。

5.再次向内偏移40mm（图3-287）。

6.激活"推拉"工具，向下推拉40mm（图3-288）。

7.激活"直线"工具，在四个角上补线，直线保持与红轴和绿轴平行（图3-289）。

8.激活"推拉"工具，向下推拉440mm凳子腿（图3-290）。

9.激活"卷尺"工具，在凳子腿的内侧添加60mm辅助线，并用"直线"工具补线（图3-291）。

10.激活"矩形"工具，绘制40mm×40mm矩形（图3-292）。

11.激活"推拉"工具，按Ctrl键，推拉矩形至另一条的内侧边（图3-293）。

12.激活"卷尺"工具，添加20mm辅助直线，并用"直线"工具绘制直线（图3-294）。

13.激活"矩形"工具，绘制20mm×12mm矩形（图

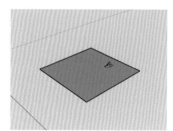

图3-284 绘制矩形

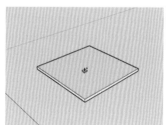

图3-285 推拉20mm

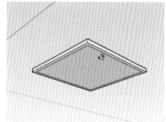

图3-286 偏移20mm

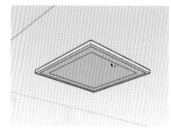

图3-287 偏移40mm

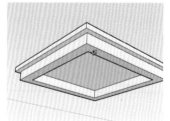

图3-288 推拉40mm

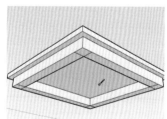

图3-289 补线

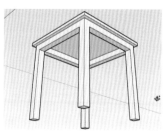

图3-290 推拉凳子腿

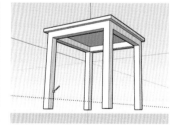

图3-291 添加辅助线

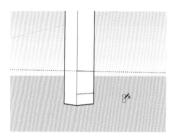

图3-292 绘制矩形

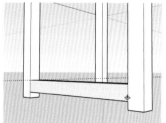

图3-293 推拉矩形

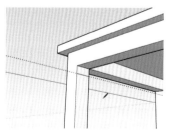

图3-294 添加辅助直线

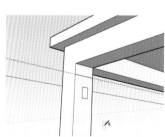

图3-295 绘制矩形

3-295）。

14.双击选择矩形面，在右击菜单中选择"创建群组"（图3-296）。

15.激活"移动"工具，捕捉矩形上边线中点对齐直线（图3-297）。

16.双击矩形群组，进入群编辑状态，激活"推拉"工具，推拉至另一条的边（图3-298）。

17.激活"移动"工具，按Ctrl键，沿蓝轴向下移动复制40mm，复制数量输入X8（图3-299）。

18.选择9个矩形条（图3-300）。

19.激活"旋转"工具，鼠标分别在第五条矩形的长边和短边中点上靠一下，得到中心点，点击鼠标左键，确定旋转中心（图3-301）。

20.按Ctrl键，单击右侧中点为旋转起点（图3-302）。

21.单击下边中点，确定旋转终点，完成复制（图3-303）。

22.选择完成的网格模型及下面横档（图3-304）。

23.激活"旋转"工具，在凳子表面两条边的中点上靠一下，确定旋转中心（图3-305）。

24.按Ctrl键，单击凳子边的中点为旋转起点（图3-306）。

25.单击相邻的另一条边中点，确定旋转终点，旋转复制数量输入X3（图3-307）。

26.根据材质拼接情况，补充直线，激活"直线"工具补线（图3-308）。

27.激活"直线"工具，在底部绘制直线成面（图3-309）。

28.激活"推拉"工具，按Ctrl键向内复制推拉20mm，赋予模型材质（图3-310）。

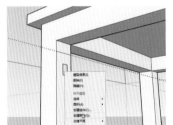
图3-296 创建群组

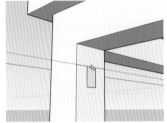
图3-297 移动对齐

图3-298 组内推拉

图3-299 移动复制8个

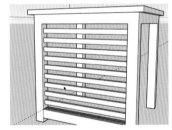
图3-300 选择矩形条

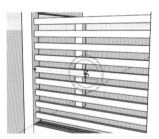
图3-301 捕捉旋转中心

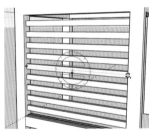
图3-302 选择旋转起点

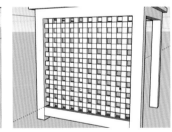
图3-303 完成旋转复制

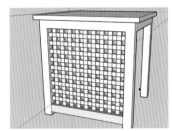
图3-304 选择网格

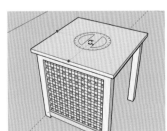
图3-305 旋转中心

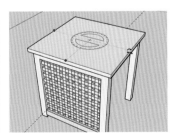
图3-306 旋转起点

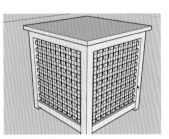
图3-307 完成旋转

3－336）。

17.激活"缩放"工具，按Ctrl键不放，中心向内缩放，缩放比例为0.98（图3－337）。

18.激活"推拉"工具，向上推拉165mm（图3－338）。

19.激活"偏移"工具，向内偏移6mm（图3－339）。

20.激活"推拉"工具，向内推拉165mm（图3－340）。

21.激活"推拉"工具，按Ctrl键，向上推拉2mm（图3－341）。

22.激活"缩放"工具，向外缩放比例1.02（图3－342）。

23.激活"推拉"工具，向上推拉2mm（图3－343）。

24.激活"推拉"工具，选择内口侧面，分别向内推拉6mm（图3－344）。

25.完成后的模型效果（图3－345）。

26.激活"材质"工具，赋予模型材质（图3－346）。

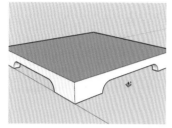
图3－332　向内推拉

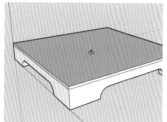
图3－333　向上推拉

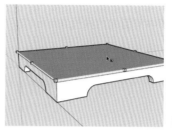
图3－334　缩放

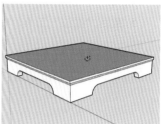
图3－335　推拉2mm

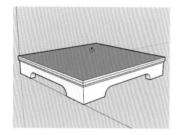
图3－336　再次推拉2mm

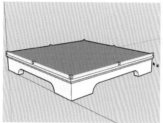
图3－337　缩放

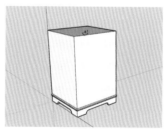
图3－338　推拉

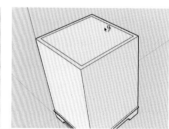
图3－339　向内偏移

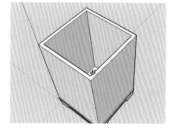
图3－340　向内推拉165mm

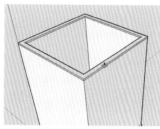
图3－341　向上推拉2mm

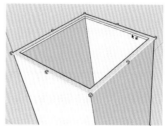
图3－342　缩放

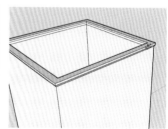
图3－343　向上推拉2mm

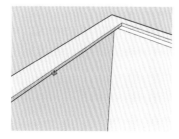
图3－344　向内推拉6mm

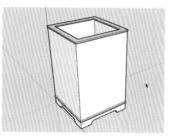
图3－345　完成效果图

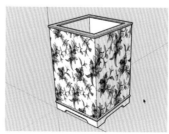
图3－346　贴图效果

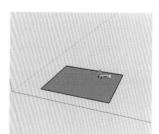
图3－347　偏移平面

九、偏移工具

"偏移"工具可对共面的线或表面进行偏移复制。单击"编辑"工具栏中的"偏移" 按钮，或执行"工具"下拉菜单下的"偏移"命令，即可启动该命令，"偏移"工具默认的快捷键是"F"。

1.面的偏移复制

（1）选择需要偏移的面，激活"偏移"命令，单击平面，鼠标向内或向外移动，然后再单击鼠标左键，完成偏移（图3-347）。

（2）完成偏移后，在输入框中输入偏移距离500mm，以确定偏移距离值（图3-348）。

2.线段的偏移复制

（1）"偏移"工具无法对单独或交叉的线段进行偏移，当光标放置在这两种线段上时光标右上角将会出现禁止符号（图3-349）。

（2）而对于多条线段组成的转折线、弧线或折线和弧线组成的线形均可以进行偏移复制（图3-350～图3-352）。

十、实例——绘制户外景观灯模型

通过实例介绍利用"偏移"工具绘制户外景观灯模型的方法。

1.打开SketchUp，设置场景单位与精确度。

2.激活"矩形"工具，绘制一个85mm×8mm的矩形（图3-353）。

3.激活"推拉"工具，推拉5mm高度（图3-354）。

4.激活"偏移"工具，向内偏移2次，距离都是5mm（图3-355）。

5.激活"圆"工具，捕捉矩形角点为圆心绘制半径为3mm圆（图3-356）。

6.激活"选择"工具，选择需要删除的线条，按Delete键（图3-357）。

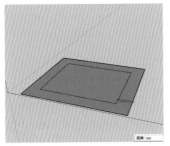
图3-348　偏移距离500mm

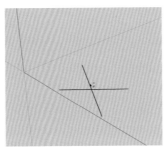
图3-349　交叉直线

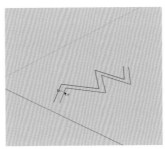
图3-350　折线偏移

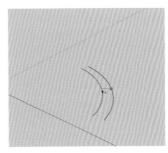
图3-351　弧线偏移

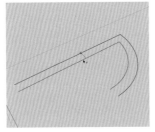
图3-352　折线和弧线组合偏移

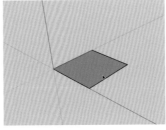
图3-353　绘制矩形

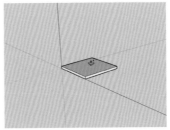
图3-354　推拉

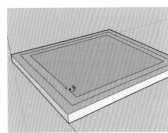
图3-355　向内偏移2次

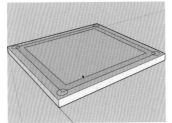
图3-356　绘制圆

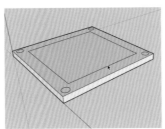
图3-357　删除线条

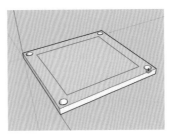
图3-358　推拉圆

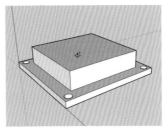
图3-359　推拉15mm

7.激活"推拉"工具，选择圆，向下推拉5mm（图3-358）。

8.激活"推拉"工具，向上推拉15mm（图3-359）。

9.激活"缩放"工具，按Ctrl键向内等比缩放比例为0.9（图3-360）。

10.激活"偏移"工具，向内偏移3mm（图3-361）。

11.激活"推拉"工具，向上推拉15mm（图3-362）。

12.激活"缩放"工具，向内收缩比例为0.9（图3-363）。

13.激活"推拉"工具，向上推拉10mm（图3-364）。

14.激活"缩放"工具，放大平面，缩放比例为1.2（图3-365）。

15.激活"推拉"工具，向上推拉5mm（图3-366）。

16.激活"缩放"工具，缩放比例为1.2（图3-367）。

17.激活"推拉"工具，向上推拉5mm（图3-368）。

18.激活"缩放"工具，按Ctrl键中心缩放，同时捕捉下面角点，缩放至同底部矩形大小一致（图3-369）。

19.激活"推拉"工具，向上推拉5mm（图3-370）。

20.激活"矩形"工具，调整视图至YZ平面平行，绘制120mm×85mm距离（图3-371）。

21.激活"偏移"工具，向内偏移4mm（图3-372）。

22.激活"偏移"工具，向内偏移20mm（图3-373）。

23.激活"偏移"工具，再次向内偏移4mm（图3-374）。

24.激活"直线"工具，捕捉直线中点添加直线（图3-375）。

25.激活"选择"工具，按Ctrl键可添加选择对象，选择水平中心线条，激活"移动"工具，按Ctrl键，向上移动复制距离2mm（图3-376）。

26.激活"选择"工具，选择水平中心线，按Ctrl键可添加选择对象，激活"移动"工具，按Ctrl键，分别向上和向下移动复制距离2mm（图3-377）。

27.激活"选择"工具，选择垂直中心线条，按Ctrl键可添加选择对象，激活"移动"工具，按Ctrl键，向左移动

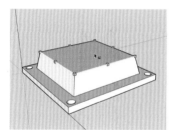

图3-360　缩放

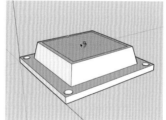

图3-361　向内偏移

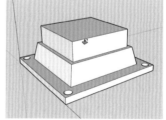

图3-362　推拉15mm

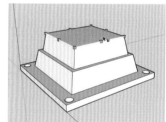

图3-363　缩放

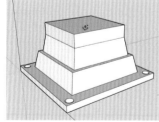

图3-364　推拉10mm

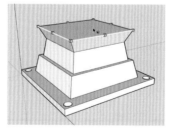

图3-365　缩放

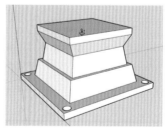

图3-366　推拉5mm

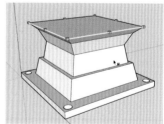

图3-367　缩放

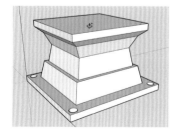

图3-368　推拉5mm

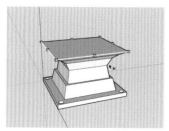

图3-369　缩放捕捉

图3-370　推拉5mm

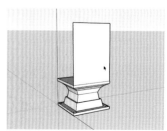

图3-371　绘制矩形

复制距离2mm（图3-378）。

28.激活"选择"工具，选择垂直中心线，按Ctrl键可添加选择对象，激活"移动"工具，按Ctrl键，分别向左和向右移动复制距离2mm（图3-379）。

29.激活"选择"工具，选择需要删除的面或线，按Delete键（图3-380）。

30.激活"推拉"工具，向内推拉距离4mm（图3-381）。

31.绘制玻璃，激活"矩形"工具，捕捉左上角中点（图3-382）。

32.捕捉右下角点中心，绘制矩形（图3-383、图3-384）。

33.激活"卷尺"工具，添加辅助线，距离右侧边42.5mm（图3-385）。

34.激活"选择"工具，将视图调整至与YZ平面平行，框选上半部分模型（图3-386）。

35.激活"旋转"工具，捕捉旋转中心点（图3-387）。

36.按Ctrl键，选择旋转起点（图3-388）。

37.捕捉旋转终点，输入旋转复制个数X3，完成效果（图3-389、图3-390）。

38.激活"直线"工具，在顶部添加直线，形成面（图3-391）。

39.激活"推拉"工具，按Ctrl键向上推拉10mm（图3-392）。

40.激活"选择"工具，选择需要删除的线，按Delete键（图3-393）。

41.激活"缩放"工具，按Ctrl键，中心缩放，比例为1.1（图3-394）。

42.激活"偏移"工具，向外偏移20mm（图3-395）。

43.激活"推拉"工具，向上推拉15mm（图3-396）。

44.激活"选择"工具，选择矩形线条，按Delete键

图3-372 向内偏移4mm

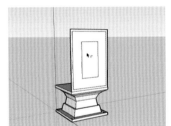
图3-373 向内偏移20mm

图3-374 向内偏移4mm

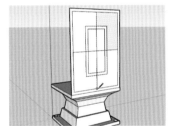
图3-375 添加中线

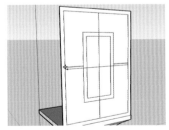
图3-376 向上偏移

图3-377 向下偏移

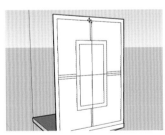
图3-378 向左偏移

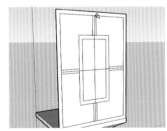
图3-379 向右偏移

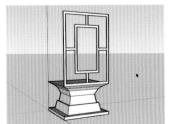
图3-380 删除辅助直线和面

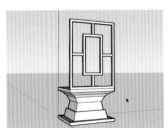
图3-381 推拉4mm

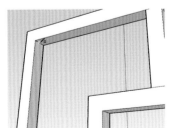
图3-382 捕捉中点

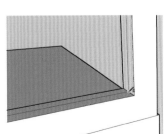
图3-383 捕捉右下角中点

（图3-397）。

45.激活"缩放"工具，向内缩放比例为0.5，删除多余的线条（图3-398、图3-399）。

46.激活"选择"工具，选择所有模型，激活"材质"工具，选择黑色赋予模型（图3-400）。

47.选择"玻璃和镜子"材质中"金色半透明玻璃"材质，赋予玻璃模型，完成效果（图3-401）。

十一、路径跟随工具

"路径跟随"工具可以沿着路径复制平面，类似3dsmax软件中的放样，可以使指定截面沿着路径进行放样。单击"编辑"工具栏中的"路径跟随"工具 按钮，或执行"工具"下拉菜单中的"路径跟随"命令，即可启动该命令。

1.手动路径跟随

（1）在场景中创建圆和直线，激活"路径跟随"命令，点击需要复制的面（图3-402）。

（2）将光标移动至路径附近时路径变红，在路径上会出现红色捕捉点，沿路径拖动鼠标，再次点击鼠标左键即可完成路径跟随操作（图3-403）。

2.自动路径跟随

（1）在场景中绘制路径矩形和曲面，选择矩形路径，激活"路径跟随"命令（图3-404）。

（2）点击曲面，自动生成三维模型（图3-405）。

3.三维模型上路径跟随

"路径跟随"命令还可以应用在三维模型上，通常用于修改创建模型边角的细节。

（1）在场景中创建一个长方形，在其边角上绘制一条轮廓线，捕捉长方体模型边线（图3-406）。

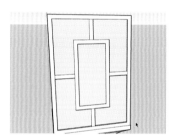
图3-384 玻璃效果

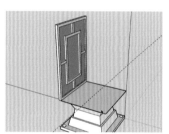
图3-385 添加辅助线

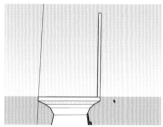
图3-386 选择模型

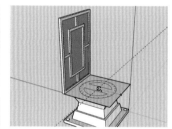
图3-387 捕捉旋转中心

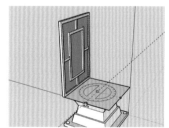
图3-388 旋转起点

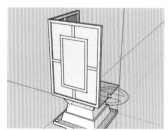
图3-389 旋转终点

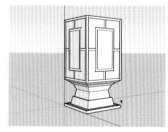
图3-390 旋转复制效果

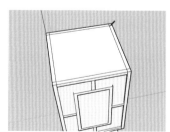
图3-391 画线成面

图3-392 推拉10mm

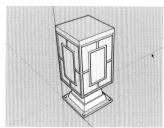
图3-393 删除线条

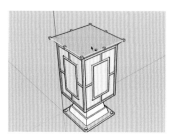
图3-394 缩放

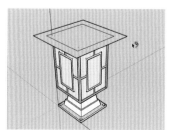
图3-395 向外偏移

（2）激活"路径跟随"命令，点击截面，完成边角效果（图3-407）。

小技巧：①在场景中创建一个长方形，在其边角上绘制一条轮廓线，捕捉长方体顶面（图3-408）；②激活"路径跟随"命令，单击截面，完成边角效果（图3-409）。

十二、实例——绘制庭院花盆模型

通过实例介绍"路径跟随"工具绘制庭院花盆模型的方法。

1.打开SketchUp，设置场景单位与精确度。

2.激活"矩形"工具，将视图调整至与YX平面平行，以坐标轴原点为起点，绘制一个430mm×320mm的矩形（图3-410）。

3.激活"卷尺"工具，添加辅助线，距离上边和右边均为25mm（图3-411）。

4.激活"圆弧"工具，捕捉端点，绘制半圆弧（图3-412）。

5.激活"卷尺"工具，添加辅助线，距离左边180mm（图3-413）。

6.激活"圆弧"工具，捕捉端点，绘制圆弧，弧高为65mm（图3-414）。

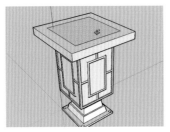
图3-396　向上推拉

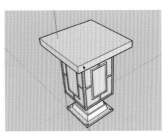
图3-397　删除矩形

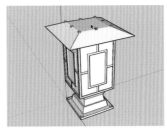
图3-398　缩放比例0.5

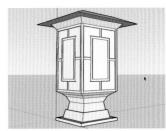
图3-399　完成模型效果

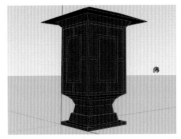
图3-400　赋予黑色

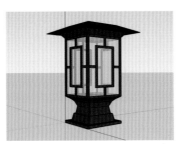
图3-401　完成最终效果

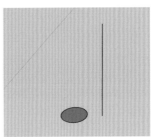
图3-402　路径跟随

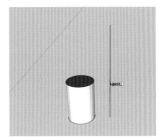
图3-403　手动路径跟随

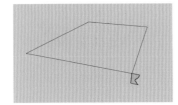
图3-404　自动跟随路径

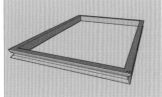
图3-405　自动路径跟随三维模型

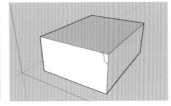
图3-406　捕捉边线

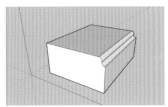
图3-407　点击截面完成

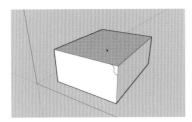
图3-408　选择顶面

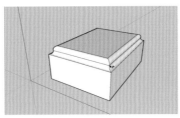
图3-409　完成效果

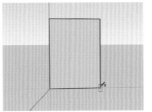
图3-410　绘制矩形

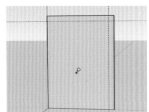
图3-411　添加辅助线

7.激活"偏移"工具，向内偏移15mm（图3-415）。

8.激活"直线"工具，在花盆底部和盆口部位添加直线（图3-416）。

9.激活"选择"工具，选择需要删除的面、线和辅助线，按Delete键删除（图3-417）。

10.激活"圆"工具，以坐标轴原点为圆心，绘制半径为180mm的圆（图3-418）。

11.激活"推拉"工具，向上推拉捕捉至圆弧端点（图3-419）。

12.激活"选择"工具，选择圆面作为路径，激活"路径跟随"工具，点击花盆截面，完成路径跟随效果（图3-420～图3-422）。

13.激活"材质"工具，为花盆赋予材质（图3-423）。

图3-412　绘制半圆弧

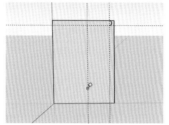

图3-413　添加辅助线

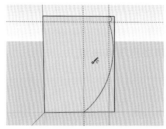

图3-414　绘制圆弧

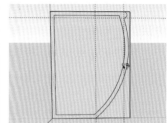

图3-415　向内偏移

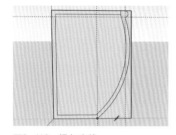

图3-416　添加直线

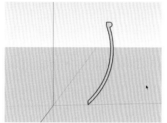

图3-417　删除后效果

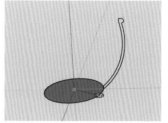

图3-418　绘制圆

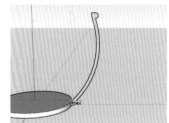

图3-419　向上推拉

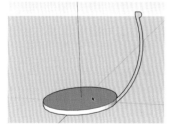

图3-420　选择圆面

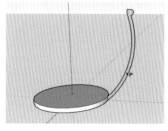

图3-421　点击截面

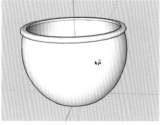

图3-422　完成路径跟随效果

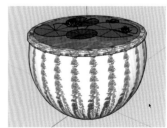

图3-423　完成效果图

第三节　SketchUp2018建筑施工工具

SketchUp"建筑施工"工具 包含了"卷尺""尺寸""量角器""文字""轴""三维字体"6个工具。是模型绘制时的辅助工具，主要用于尺寸、角度的精确测量及定位，各种标示与文字创建。

一、卷尺工具

卷尺工具用于测量距离，创建引导线、点或调整模型比例。单击"建筑施工"工具栏中的"卷尺"工具 按钮，或执行"工具"下拉菜单下的"卷尺"命令，即可启动该命令，其默认的快捷键是"T"。

1.测量距离

卷尺工具可测量模型中任意两点的距离，在数值输入框中会准确显示测量值。激活"卷尺"工具，单击测量起点，移动光标，再点击测量的终点，在输入框中会出现测量长度（图3-424）。

2.绘制辅助线

"卷尺"可以通过单击模型边线拖出辅助线，并在数值输入框输入准确的数值，用以作为精确建模的辅助工具。

（1）激活"卷尺"命令，将光标移至模型边线，会出现红色夹点，光标右下角出现"在边线上"字样，单击鼠标左键（图3-425）。

（2）移动光标，会出现红线和辅助虚线，再次单击鼠标左键，完成辅助线绘制（图3-426）。

（3）绘制完辅助线后在输入框中输入1000，以确定辅助线位置（图3-427）。

小技巧：①绘制辅助线时如果从模型的角点出发，则绘制的辅助线是延长线（图3-428、图3-429）；②辅助线可以通过"橡皮擦"工具删除，也可以点击鼠标右键在快捷菜单中选择"删除"，或选中辅助先后直接按Delete键删除；③辅助线可以通过"编辑"下拉菜单"隐藏"命令隐藏，或通过鼠标右键快捷菜单中选择"隐藏"启动隐藏，恢复显示可以通过"编辑"菜单下的"取消隐藏"命令，选择"全部"。

3.缩放模型

（1）场景模型整体缩放。激活"卷尺"工具，在选定的线段两端单击鼠标左键，并在输入框中输入所需要的长度值，按回车确认后将弹出对话框（图3-430），单击"是"按钮即可完成场景模型整体缩放。

（2）局部缩放。如需在当前场景模型中缩放单个物体，需对该模型单独创建组或创建组件，然后进入组内编辑。

二、量角器工具

"量角器"工具用于测量角度，创建有角度的辅助线。单击"建筑施工"工具栏中的"量角器"工具 ▱ 按

钮，或执行"工具"下拉菜单下的"量角器"命令，即可启动该命令。

1.绘制角度辅助线

（1）激活"量角器"命令，单击鼠标左键，确定角度的顶点（图3-431）。

（2）移动鼠标至角度起始点单击左键，再次移动鼠标至角度终点单击鼠标左键（图3-432）。

（3）完成后直接在输入框中输入角度值（图3-433）。

2.测量角度

我们在绘制角度辅助线时，同时按住Ctrl键可只对角度进行测量，而不产生角度辅助线，测量的角度值在数值框中显示。

小技巧：①量角器角度捕捉设置可以通过"窗口"菜单下的"模型信息"命令打开"模型信息对话框"，单击"单位"打开单位设置对话框，在"角度单位"设置中勾选"启用角度捕捉"（图3-434）；②可输入斜率（即"对边：邻边"）的值确定角度大小。

三、实例——绘制折叠椅子模型

通过实例介绍"卷尺"工具和"量角器"工具绘制折叠椅子模型的方法。

1.打开SketchUp，设置场景单位与精确度。

2.激活"矩形"工具，将视图调整至与YZ平面平行，以坐标轴原点为起点，绘制一个780mm×465mm的矩形（图3-435）。

3.激活"卷尺"工具，添加辅助线，距离左边线30mm（图3-436）。

4.激活"量角器"工具 ▱，鼠标单击矩形左下角点为量角器中心点，移动鼠标至右下角单击鼠标左键以确定角度起始线位置，往上移动鼠标，输入角度"63"，回车键确认，添加一条角度为63°的辅助斜线（图3-437）。

5.激活"量角器"工具，以矩形底边和垂直辅助线交点为量角器中心点，再次添加辅助斜线，角度为59°（图3-438）。

6.激活"直线"工具，在辅助线位置添加直线（图3-439）。

7.激活"卷尺"工具，从矩形上边线往下拉出一条

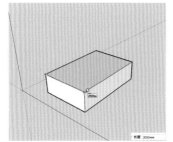
图3-424 测量距离

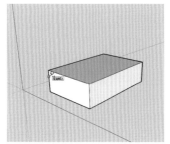
图3-425 辅助线绘制

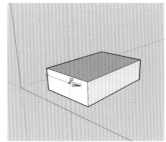
图3-426 辅助线绘制

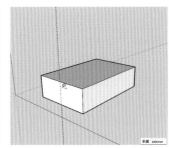
图3-427 绘制完成

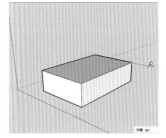
图3-428 延长线长度

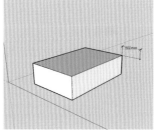
图3-429 延长辅助线

图3-430 对话框

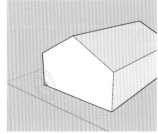
图3-431 角度顶点

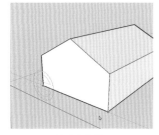
图3-432 角度起始线

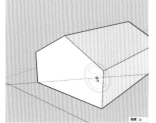
图3-433 角度值

图3-434 角度设置

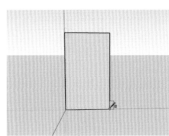
图3-435 绘制矩形

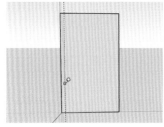
图3-436 添加辅助线

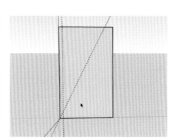
图3-437 添加辅助斜线

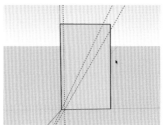
图3-438 添加辅助斜线59°

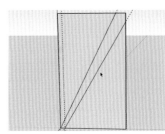
图3-439 添加直线

80mm距离的水平辅助线（图3-440）。

8.激活"直线"工具，添加直线（图3-441）。

9.激活"圆弧"工具，添加弧线，起点为上边中点，所绘制的弧线与直线相切（图3-442）。

10.激活"卷尺"工具，添加辅助线，距离矩形右边线30mm距离（图3-443）。

11.激活"量角器"工具，以右下角点为量角器中心点，添加斜线辅助线，角度为100°（图3-444）。

12.激活"量角器"工具，以垂直辅助线和底边相交点为量角器中心点，添加斜线辅助线，角度为103.5°（图3-445）。

13.激活"直线"工具，添加直线（图3-446）。

14.激活"选择"工具，删除多余的面、线和辅助线（图3-447）。

15.激活"推拉"工具，往X轴反方向推拉距离15mm（图3-448）。

16.选择所有模型，在右击菜单中选择"创建群组"。激活"直线"工具，添加与Z轴重叠的辅助直线，长度为425mm（图3-449）。

17.激活"矩形"工具，捕捉直线端点，绘制40mm×380mm矩形（图3-450）。

18.激活"卷尺"工具，在矩形两端添加距离10mm辅助线（图3-451）。

19.激活"圆弧"工具，绘制圆弧（图3-452）。

20.删除直线和多余的面，激活"推拉"工具，往红轴正向推拉15mm（图3-453）。

21.选择所有模型，激活"移动"工具，按Ctrl键，沿红轴移动复制，距离为408mm（图3-454）。

22.选择复制后的模型，单击鼠标右键，在快捷菜单中点击"翻转方向"，选择"红轴方向"（图3-455）。

23.在座位横档位置，添加直线，并绘制一个40mm×12mm矩形（图3-456）。

24.双击矩形，点击鼠标右键，选择"创建群组"。激活"移动"工具，捕捉矩形边中点对齐至直线中点（图

3-457）。

25.双击矩形，进入群组编辑状态，激活"推拉"工具，推拉捕捉至另一条横档位置（图3-458）。

26.在任意处单击鼠标左键，退出群组编辑状态，选择矩形群组（图3-459）。

27.激活"移动"工具，按Ctrl键，沿绿轴移动复制，距离45mm，数量X7（图3-460）。

28.激活"卷尺"工具，添加辅助线，距离座位横档20mm，并激活"直线"工具，添加直线（图3-461）。

29.激活"圆"工具，捕捉直线中心，绘制半径为12mm的圆（图3-462）。

30.删除辅助线，激活"推拉"工具，推拉捕捉至另一边横档位置（图3-463）。

31.绘制椅子靠背。将视图调整至与YX平面平行，激活"矩形"工具，绘制408mm×75mm矩形（图3-464）。

32.激活"圆弧"工具，绘制圆弧，其弧高为45mm（图3-465）。

33.激活"矩形"工具，绘制100mm×25mm矩形（图

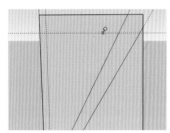
图3-440　添加水平辅助线

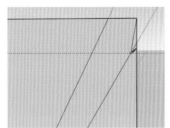
图3-441　添加直线

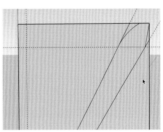
图3-442　绘制圆弧

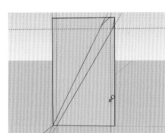
图3-443　添加辅助线

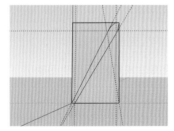
图3-444　添加斜线辅助线

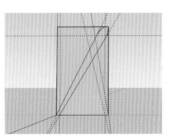
图3-445　添加辅助线103.5°

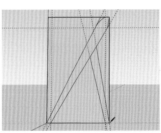
图3-446　添加直线

图3-447　删除

图3-448　推拉15mm

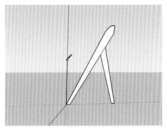
图3-449　绘制直线

图3-450　绘制矩形

图3-451　添加辅助线

图3-452　绘制圆弧

图3-453　推拉

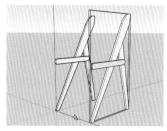

图3-454　移动复制

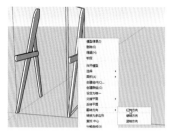

图3-455　翻转

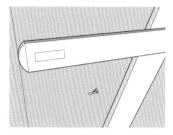

图3-456　绘制矩形

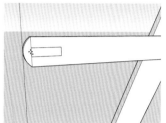

图3-457　移动对齐

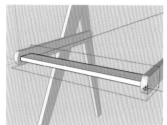

图3-458　推拉

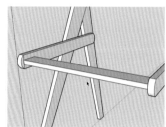

图3-459　选择群组

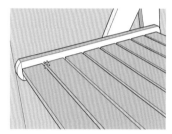

图3-460　移动复制

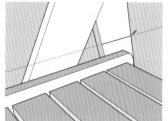

图3-461　添加直线

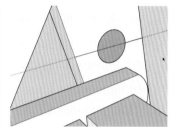

图3-462　绘制圆

图3-463　推拉

3-466）。

34.激活"圆弧"工具，在矩形两端绘制半圆弧（图3-467）。

35.删除直线，选择带圆弧矩形，激活"移动"工具，捕捉移动至直线中点位置（图3-468）。

36.激活"移动"工具，向下移动10mm（图3-469）。

37.删除直线和面（图3-470）。

38.激活"推拉"工具，推拉15mm厚度（图3-471）。

39.选择椅背模型，点击鼠标右键，选择"创建群组"（图3-472）。

40.激活"移动"工具，移动至如图3-473所示位置。

41.选择椅子靠背，激活"旋转"工具，确定旋转中心位置（图3-474）。

42.确定旋转起点位置和终点位置（图3-475、图3-476）。

43.双击进入椅子脚群组，激活"橡皮擦"工具，按Ctrl键将上部圆弧位置的线条做柔化处理（图3-477）。

44.完成模型效果（图3-478）。

45.激活"材质"工具，选择"木质纹"材质，挑选一种材质赋予模型（图3-479）。

四、坐标轴工具

"坐标轴"工具用于移动绘图轴或重新确定绘图轴方向，特别是用坐标轴工具可以在斜面上重设坐标系，以便精确绘图。单击"建筑施工"工具栏中的"坐标轴"工具按钮，或执行"工具"下拉菜单下的"坐标轴"命令，即可启动。

1.坐标轴放置

（1）将光标移至绘图区中的某点作为新的原点，点击鼠标左键建立原点（图3-480）。

（2）从原点移开光标以设置红轴的方向，点击确定红轴方向（图3-481）。

（3）从原点移开光标以设置绿轴的方向，点击确定绿

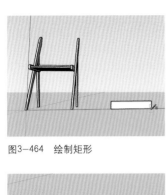

图3-464 绘制矩形

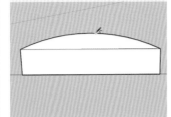

图3-465 绘制圆弧

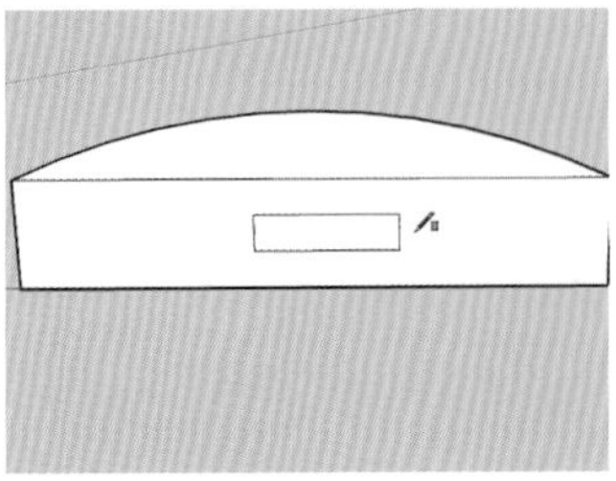

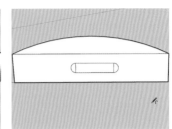

图3-466 绘制矩形

图3-467 绘制半圆弧

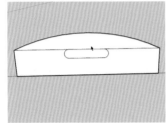

图3-468 移动对齐

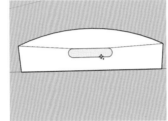

图3-469 向下移动

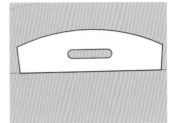

图3-470 删除直线和面

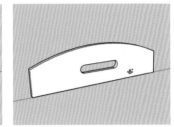

图3-471 推拉

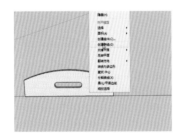

图3-472 创建群组

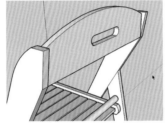

图3-473 移动对齐

图3-474 确定旋转中心

图3-475 旋转起点位置

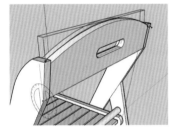

图3-476 旋转终点位置

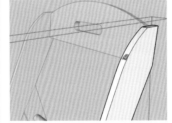

图3-477 柔化边缘

图3-478 完成模型效果

图3-479 完成效果图

轴方向（图3-482）。

（4）系统自己定义蓝轴方向（图3-483）。

2.鼠标右击坐标轴，在弹出的快捷菜单中选项有"放置""移动""重设""对齐视图""隐藏"命令。

（1）"放置"命令是坐标轴重新放置。

（2）单击"移动"命令将会弹出移动或旋转设置对话框（图3-484），可以设置红、绿、蓝轴三个方向的移动值，也可以设置绕红、绿、蓝轴旋转的角度。

（3）单击"重设"命令可以使坐标轴重新恢复到世界坐标系状态。

（4）单击"对齐视图"命令，XY平面对齐视图。

（5）单击"隐藏"命令，将隐藏坐标轴。如需显示坐标轴则在"视图"下拉菜单中点击"坐标轴"启动显示。

五、实例——绘制插座模型

通过实例介绍"轴"工具绘制插座模型的方法。

1.打开SketchUp，设置场景单位与精确度。

2.绘制五边形。激活"多变形"工具，输入5s，点击坐标轴原点为五边形中心点，绘制内切圆多边形，另一角点保持在绿轴上（图3-485）。

3.调整五边形大小。激活"卷尺"工具，分别在边的两个端点单击，输入边的长度25mm，在弹出的对话框中选择"是"，确认调整完成（图3-486）。

4.双击选择五边形，单击右键，在弹出的快捷菜单中选择"创建群组"（图3-487）。

5.绘制六边形。再次激活"多边形"工具，输入6s，在场景任意位置单击确定六边形中心，往外移动鼠标再次单击鼠标左键以确认六边形内接圆半径，在输入框中输入25，确认六边形边长为25mm（图3-488）。

6.双击六边形，激活"移动"工具，移动捕捉角点至五边形角点（图3-489）。

7.选择六边形，激活"旋转"工具，旋转对齐至五边

形边（图3-490）。

8.激活"旋转"工具，将视图调整至与XZ平面平行，以五边形和六边形重叠的线为中心，将六边形向下旋转30°（图3-491、图3-492）。

9.调整坐标轴，以绘制插座模型。激活"轴"工具，点击六边形左下角点，确定轴中心，单击边的另一端点，确定X轴方向，再次点击六边形左上角点，确定Y轴方向，坐标系调整完成（图3-493～图3-496）。

10.绘制插座。激活"直线"工具，捕捉六边形上下边中点绘制一条直线（图3-497）。

11.激活"矩形"工具，按Ctrl键从直线中点位置开始

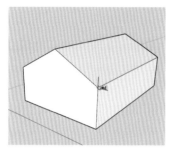

图3-480　建立原点

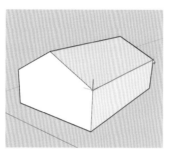

图3-481　确定红轴方向

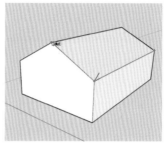

图3-482　确定绿轴方向

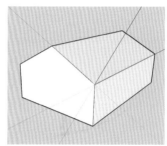

图3-483　完成放置

图3-484　移动对话框

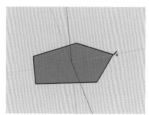

图3-485　绘制五边形

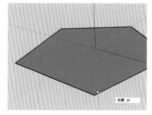

图3-486　调整大小

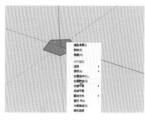

图3-487　创建群组

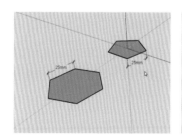

图3-488　创建六边形

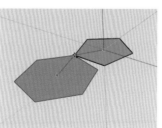

图3-489　移动对齐

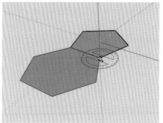

图3-490　旋转对齐

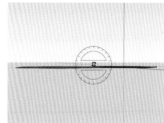

图3-491　旋转中心

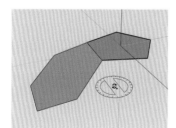

图3-492　向下旋转

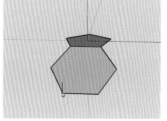

图3-493　新原点

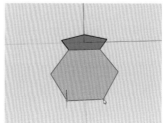

图3-494　X轴方向

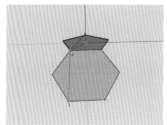

图3-495　Y轴方向

绘制7.3mm×2mm矩形（图3-498）。

12.选择矩形，激活"移动"工具，向上移动7mm（图3-499）。

13.激活"移动"工具，按Ctrl键向左、向右各移动复制一个矩形，距离6.3mm（图3-500）。

14.激活"卷尺"工具，添加辅助线，距离矩形外侧边线2.2mm（图3-501）。

15.激活"圆"工具，锁定矩形中心点，在辅助线上确定圆心，绘制半径为2.8mm的圆（图3-502）。

16.激活"橡皮擦"工具清理线条（图3-503）。

17.激活"移动"工具，按Ctrl键，向下复制矩形，距离14.8mm（图3-504）。

18.激活"移动"工具，按Ctrl键向左右各复制一个矩形，距离5.7mm（图3-505）。

19.激活"旋转"工具，以矩形外侧下方角点为旋转中心点，将左右两边的矩形分别向逆时针和顺时针方向旋转30°（图3-506）。

20.激活"橡皮擦"工具清理线条（图3-507）。

21.激活"推拉"工具，两眼插座推拉距离16mm（图3-508）。

22.激活"推拉"工具，推拉三眼插座，推拉距离为18mm（图3-509）。

23.重设坐标系，恢复至世界坐标系。在轴坐标上单击鼠标右键，点击重设（图3-510）。

24.激活"直线"工具，绘制12mm长度直线，锁定与蓝轴平行（图3-511），再绘制一条水平直线将其形成面（图3-512）。

25.选择除五边形以外的所有模型，激活"旋转"工具，选择坐标原点为中心，按Ctrl键选择旋转起点，再选择旋转终点，输入角度数值X4，旋转复制4个（图3-513～图3-517）。

26.激活"直线"工具，可以进行补线（图3-518）。

27.激活"选择"工具，选择补线成面的三个面（图3-519）。

28.激活"旋转"工具，按第25步操作方法，旋转复制4个（图3-520）。

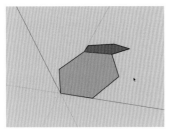
图3-496　完成效果

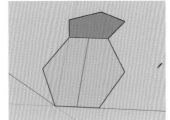
图3-497　绘制直线

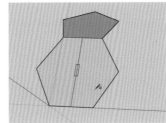
图3-498　绘制矩形

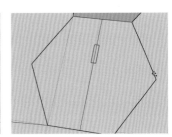
图3-499　向上移动

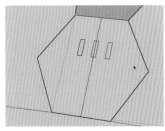
图3-500　移动复制

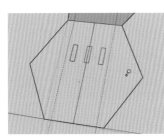
图3-501　添加辅助线

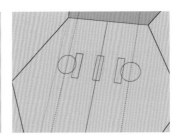
图3-502　绘制圆

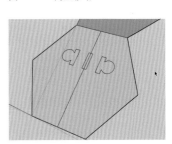
图3-503　清理线条

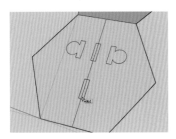
图3-504　复制矩形

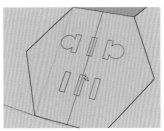
图3-505　移动复制

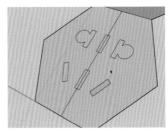
图3-506　旋转矩形

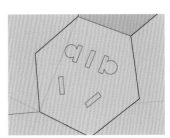
图3-507　清理线条

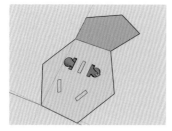

图3-508　推拉两眼插座

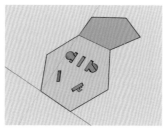

图3-509　推拉三眼插座

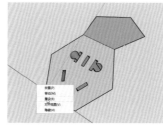

图3-510　重设坐标

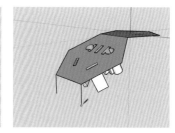

图3-511　绘制直线

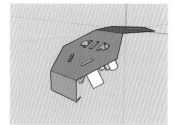

图3-512　画线成面

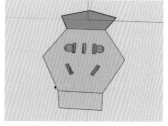

图3-513　旋转模型

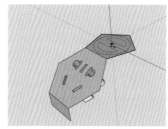

图3-514　选择旋转中心

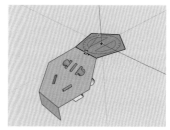

图3-515　选择起点

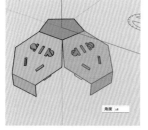

图3-516　选择终点

图3-517　完成效果

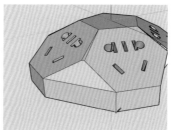

图3-518　补线

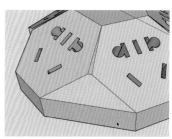

图3-519　选择面

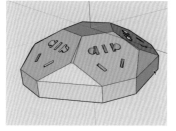

图3-520　完成效果

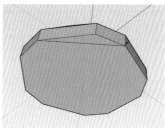

图3-521　画线补面

图3-522　完成效果

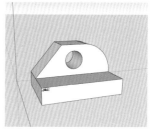

图3-523　点击第一个端点

29.激活"直线"工具，在底部添加直线成面，再删除添加的直线（图3-521）。

30.激活"材质"工具，赋予模型黑白材质颜色，完成效果（图3-522）。

六、尺寸工具

"尺寸"工具用来对场景物体进行尺寸标注。单击"建筑施工"工具栏中的"尺寸"工具　按钮，或执行"工具"下拉菜单下的"尺寸"命令，即可启动该命令。

1.线段标注

（1）激活"尺寸"命令，单击尺寸的起点，移动光标，单击尺寸的终点，以垂直于尺寸坐标的方向移动光标，单击固定尺寸字符串的位置（图3-523～图3-525）。

（2）激活"尺寸"命令，光标移至需标注的线段，线段呈蓝色显示，单击线段，以垂直于尺寸坐标的方向移动光标，单击固定尺寸字符串位置（图3-526～图3-528）。

2.圆的标注

（1）激活"尺寸"命令，光标移动至圆的边线上，边线呈蓝色显示，单击边线，移动光标放置适当位置（图

3-529、图3-530）。

（2）直径标注和半径标注的切换。在圆的标注上单击鼠标右键，在弹出的快捷菜单中选择"半径"或"直径"即可切换。

小技巧：①圆弧标注操作方法同圆的标注一致；②双击标注后的文字可以修改文字串。

3.标注样式设置

在SketchUp中标注有多种样式，各种不同样式可以适合不同的图纸要求，可以通过"窗口"下拉菜单中的"模型信息"命令，弹出"模型信息"对话框，在此点击"尺寸"，打开尺寸设置对话框（图3-531）。通过对文本、引线、尺寸等样式设置，点击"选择全部尺寸"或"更新选定的尺寸"修改样式。

（1）文本样式设置：点击"字体"打开字体设置对话框，可以设置字体、样式、大小等（图3-532）。

（2）引线样式设置：在"端点"处点击后面的箭头，

打开下拉菜单，选择引线类型（图3-533）。

（3）尺寸样式设置：尺寸样式分为"对齐屏幕"和"对齐尺寸线"两种类型。

①"对齐屏幕"：标注的文字始终平行于屏幕。
②"对齐尺寸线"：则可以通过下拉按钮菜单切换"上方""居中""外部"三种方式（图3-534）。

七、文字工具

"文字"工具用于对场景物体进行文字标注。单击"建筑施工"工具栏中的"文字"工具按钮，或执行"工具"下拉菜单下的"文字标注"命令，即可启动该命令。

1.引线文本标注

引线文本标注可标注点、线、面等对象。点的引线标注是点的坐标数据，线的引线标注是线的长度数据，面的

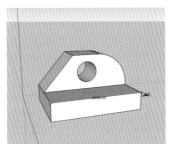

图3-524 点击第二个端点

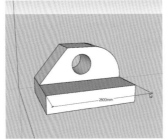

图3-525 完成标注

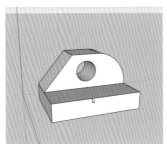

图3-526 点击线段

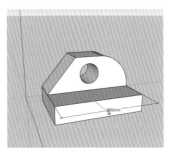

图3-527 移动光标

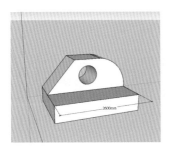

图3-528 完成标注

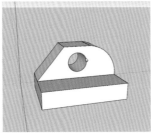

图3-529 点击圆的边线

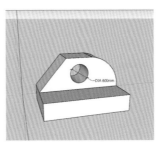

图3-530 完成标注

图3-531 尺寸样式设置

图3-532 字体样式设置

图3-533 引线设置

图3-534 对齐尺寸线

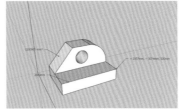

图3-535 引线标注

引线标注是该面的面积。

激活文本标注，单击模型中需要标注的点、线或面，移动光标，再次单击确定放置位置，单击屏幕空白处完成标注（图3-535）。

2.屏幕文本

屏幕文本在屏幕上的位置是固定的，不会因视图的变化而变化。激活"文字"命令，单击屏幕"输入文字"，在屏幕空白处单击鼠标左键完成屏幕文字标注（图3-536）。

3.文本样式设置

文本样式设置可以通过"窗口"下拉菜单中的"模型信息"命令，弹出"模型信息"对话框，在此点击"文本"，打开文本设置对话框（图3-537）。可以分别设置引线文字和屏幕文字样式。设置方法类似尺寸样式设置，在此不再详细讲解。

八、三维文字工具

"三维文字"命令用于制作立体文字效果。单击"建筑施工"工具栏中的"三维文字"工具 🔺 按钮，或执行"工具"下拉菜单下的"三维文字"命令，即可启动该命令。

激活"三维文字"命令，将会弹出"放置三维文本"对话框（图3-538），输入文字内容，设置文字样式，然后

点击"放置"按钮，即可将文字放在适当的位置，单击鼠标左键完成创建（图3-539）。

九、实例——绘制户外健身标识牌模型

通过实例介绍"三维文字"工具绘制户外健身标识牌模型的方法。

1.打开SketchUp，设置场景单位与精确度。

2.激活"矩形"工具，从轴中心点出发绘制1900mm×700mm矩形（图3-540）。

3.激活"卷尺"工具，添加辅助线，距离左边距300mm（图3-541）。

4.激活"直线"工具，在辅助线位置添加直线，删除辅助线后效果（图3-542）。

5.激活"偏移"工具，右侧矩形向内偏移50mm距离（图3-543）。

6.激活"推拉"工具，按Ctrl键，将向后推拉50mm（图3-544）。

7.激活"卷尺"工具，添加100mm和1200mm辅助线（图3-545）。

8.激活"直线"工具，在辅助线位置添加直线（图3-546）。

9.激活"推拉"工具，推拉掉上下两个面，删除辅助线后效果（图3-547）。

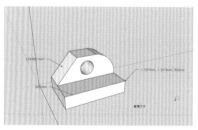

图3-536 屏幕文本

图3-537 文本样式设置

图3-538 放置三维文本

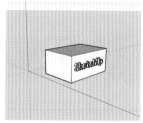

图3-539 三维文字创建

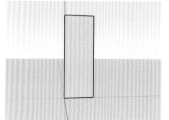

图3-540 绘制矩形

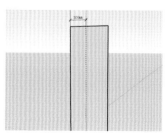

图3-541 添加辅助线

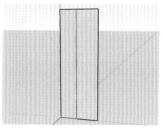

图3-542 添加直线

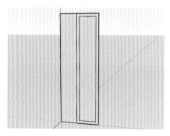

图3-543 向内偏移

10.激活"推拉"工具，中间矩形向内推拉10mm（图3-548）。

11.删除线条，并将所有的反面通过右击菜单选择"反转平面"进行调整（图3-549）。

12.激活"卷尺"工具，添加辅助线，距离上边线250mm、250mm,距离左边线180mm（图3-550）。

13.激活"直线"工具，添加直线（图3-551）。

14.激活"圆弧"工具，添加弧高为80mm的圆弧（图3-552）。

15.激活"橡皮擦"工具，删除多余的线和面（图3-553）。

16.激活"推拉"工具，按Ctrl键向后推拉30mm，并将反面"反转平面"（图3-554）。

17.激活"偏移"工具，将右侧矩形向内偏移30mm（图3-555）。

18.选择矩形下边线，激活"移动"工具，将矩形下边沿蓝轴向上移动250mm（图3-556）。

19.激活"偏移"工具，再次向内偏移3mm（图3-557）。

20.激活"推拉"工具，向外推拉距离5mm（图3-558）。

21.激活"三维文字"工具，如图3-559所示，在弹出

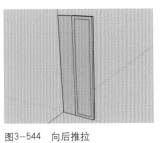

图3-544　向后推拉

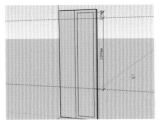

图3-545　添加辅助线

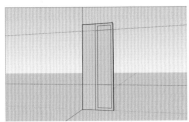

图3-546　添加直线

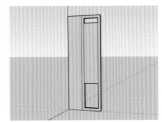

图3-547　推拉掉矩形

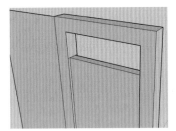

图3-548　推拉10mm

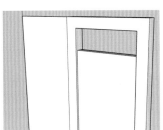

图3-549　反转平面

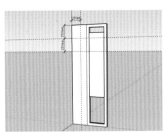

图3-550　添加辅助线

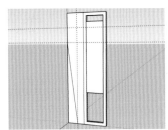

图3-551　添加直线

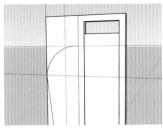

图3-552　绘制圆弧

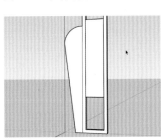

图3-553　清除线和面

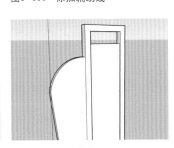

图3-554　向后推拉

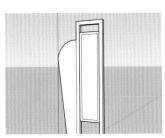

图3-555　向内偏移

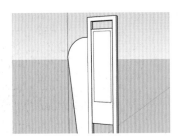

图3-556　向上移动

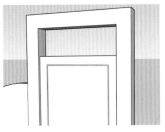

图3-557　再次向内偏移

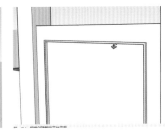

图3-558　向外推拉

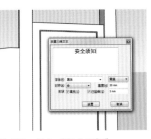

图3-559　输入"安全须知"

的"放置三维文本"对话框中将"输入文本"改成"安全须知"，并修改"高度"值30mm，延伸5mm，字体"黑体"，对齐"中"，点击"放置"，点击鼠标左键放置对齐矩形上边线中点（图3-560）。

22．激活"卷尺"工具，添加辅助线，距离矩形左边15mm（图3-561）。

23．激活"三维文字"工具，在打开的对话框中输入"安全须知"文字内容，并将文字字体设置"宋体"，对齐"左"，高度"15mm"，勾选"填充"，勾选"已延伸"，设置延伸值为"2mm"，对齐辅助线逐一放置三维字体（图3-562～图3-564）。

24．激活"三维文字"工具，在打开的"放置三维文本"对话框中输入文字"爱琴海"如图3-565所示，字体为"黑体"，文字高度"40mm"，勾选"填充"，勾选"已延伸"，并输入延伸值"5mm"，点击"放置"，将文字放置在图3-566所示位置。

25．激活"三维文字"工具，在打开的"放置三维

文本"对话框中输入文字"Aegean Sea"，如图3-567所示，字体为"黑体"，文字高度"20mm"，勾选"填充"，勾选"已延伸"，并输入延伸值"5mm"，点击"放置"，将文字放置在图3-568所示位置。

26．激活"旋转"工具，将其顺时针旋转90°（图3-569）。

27．激活"缩放"工具，将其在Z轴方向缩放，比例为1.3（图3-570）。

28．选择"文件"菜单下的"导入"，选择"仰卧起坐剪影"cad文件（图3-571）。

29．激活"旋转"工具，调整至与标识牌平行位置（图3-572）。

30．激活"缩放"工具，缩小并放置于图3-573所示位置。

31．双击"仰卧起坐"进入"组编辑"状态，激活"直线"工具补线，使其成面（图3-574、图3-575）。

32．激活"推拉"工具，推拉2mm（图3-576）。

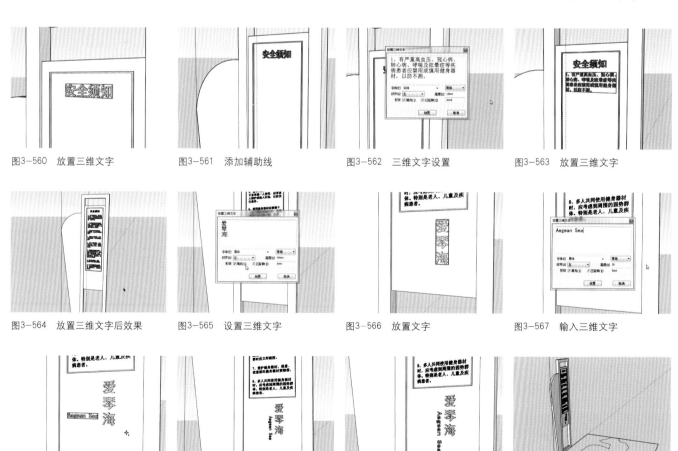

图3-560　放置三维文字　　　图3-561　添加辅助线　　　图3-562　三维文字设置　　　图3-563　放置三维文字

图3-564　放置三维文字后效果　　图3-565　设置三维文字　　图3-566　放置文字　　　图3-567　输入三维文字

图3-568　放置文字　　　图3-569　旋转文字　　　图3-570　缩放　　　图3-571　导入cad文件

33.激活"三维文字"工具，在打开的"放置三维文本"对话框中输入文字"健身区"，如图3-577所示，字体为"黑体"，文字高度100mm，勾选"填充"，勾选"已延伸"，并输入延伸值5mm，点击"放置"，将文字放置在图3-578所示位置。

34.激活"缩放"工具，在Z轴方向缩放比例为1.3（图3-579）。

35.激活"三维文字"工具，在打开的"放置三维文本"对话框中输入文字"Fitness Zone"，如图3-580所示，字体为"黑体"，文字高度60mm，勾选"填充"，勾选"已延伸"，并输入延伸值5mm点击"放置"，将文字放置在图3-581所示位置。

36.激活"旋转"工具，旋转文字方向，并放置适当位置（图3-582）。

37.激活"材质"工具，添加材质，完成后效果（图3-583）。

十、实例——绘制户外三维文字装置模型

通过实例介绍"三维文字"工具绘制户外三维文字装置模型的方法。

1.打开SketchUp，设置场景单位与精确度。

2.激活"三维文字"工具，在打开的"放置三维文本"对话框中输入文字"L"，如图3-584所示，字体为"黑体"，文字高度1000mm，勾选"填充"，点击"放置"，将文字放置在图3-585所示位置。

3.激活"旋转"工具，逆时针方向旋转90°（图3-586）。

4.双击文字，进入文字"L"组件，激活"偏移"工具，往外偏移距离30mm（图3-587）。

5.激活"橡皮擦"工具，删除内部线条，使文字更粗一些（图3-588）。

6.激活"偏移"工具，向内偏移10mm（图3-589）。

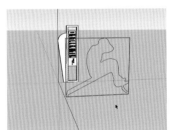
图3-572　旋转

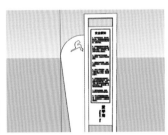
图3-573　缩放并放置

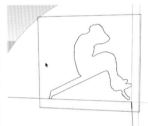
图3-574　编辑组

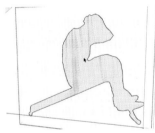
图3-575　形成平面

图3-576　推拉2mm

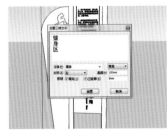
图3-577　输入"健身区"

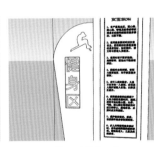
图3-578　放置"健身区"

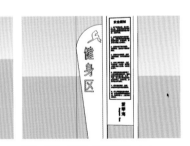
图3-579　调整"健身区"大小

图3-580　输入英文字

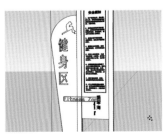
图3-581　放置英文字母

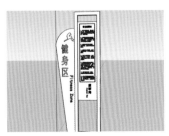
图3-582　旋转文字

图3-583　完成后效果

7.激活"卷尺"工具,添加水平辅助线,距离上边线距离分别为400mm和150mm,垂直辅助线距离右边线分别为100mm和150mm(图3-590)。

8.激活"直线"工具,在辅助线位置添加直线(图3-591)。

9.激活"选择"工具,选择需要删除的线和面,按Delete键删除(图3-592)。

10.激活"推拉"工具,按Ctrl键,推拉距离146mm(图3-593)。

11.激活"材质"工具,赋予模型材质,并将透明材质部分前后模型各往里推拉10mm(图3-594)。

12.参考字母"L"模型制作步骤分别制作字母"o""v""e"模型(图3-595)。

图3-584 输入文字"L"

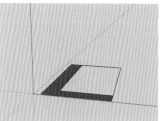

图3-585 放置"L"

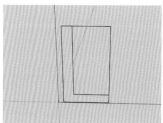

图3-586 旋转文字"L"

图3-587 向外偏移

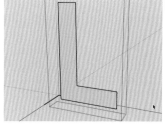

图3-588 删除内部线条

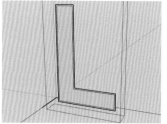

图3-589 向内偏移10mm

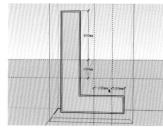

图3-590 添加辅助线

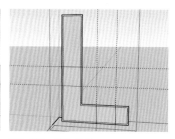

图3-591 添加直线

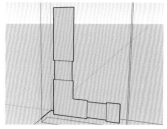

图3-592 删除线和面

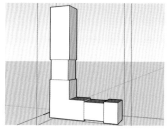

图3-593 推拉

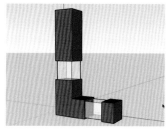

图3-594 完成效果

图3-595 完成效果

第四节 SketchUp2018漫游工具

一、定位相机

"定位相机"工具用于将相机(即您的视角)置于特定的视点高度以查看视线或在模型中漫游。单击"相机"工具栏中的"定位相机"工具 按钮,或执行"工具"下拉菜单中的"定位相机"命令,即可启动该命令。

1.单击鼠标

激活"定点相机"命令,在场景中单击鼠标左键,并在数据框中显示当前相机视点高度值,可以直接在输入框中输入新的视觉高度1200mm(图3-596、图3-597)。

2.单击并拖动

激活定位相机工具,单击鼠标左键不放以确定相机放置位置，然后拖动光标至观察点，再松开鼠标（图3-598、图3-599）。

二、绕轴旋转工具

"绕轴旋转"工具用于让相机围绕固定点移动相机。单击"相机"工具栏中的"绕轴旋转"工具 按钮，或执行"工具"下拉菜单中的"绕轴旋转"命令，即可启动该命令。

激活"绕轴旋转"命令，点击鼠标左键不放开始转动，上移或下移光标可倾斜，向右或向左移动鼠标可平移。在输入框中输入视点高度可设置视点距离地面的高度。

三、漫游工具

"漫游工具"可以像散步一样观察场景模型。单击"相机"工具栏中的"漫游"工具 按钮，或执行"工具"下拉菜单下的"漫游"命令，即可启动该命令。

激活"漫游"命令，在绘图区中任意一处点击并按住鼠标，该位置会显示一个"+"。通过上移光标（向前）、下移光标（向后）、左移光标（左转）或右移光标（右转）进行漫游。离"+"字距离越远，漫游速度越快。

小技巧：①按住Shift键，将鼠标上下移动可增加和减少视点高度；将鼠标左右移动，可将视点平行移动；②按住Ctrl键，可加快移动速度；③按住鼠标滚轮可切换成正面观察（绕轴旋转）工具。

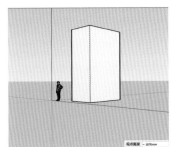

图3-596 相机放置效果

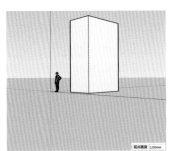

图3-597 调整后的视觉效果

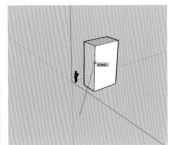

图3-598 移动光标至观察点

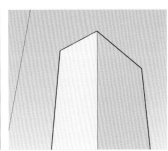

图3-599 放置后效果

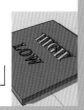

第四章　SketchUp常用高级工具命令

第四章 SketchUp常用高级工具命令

第一节 组工具

在SketchUp中包含了"组件"工具和"群组"工具，两者功能各有异同。

一、组件工具

"组件"工具主要用于管理场景中的模型。可以将场景中数个对象组成一组，不但可以减少场景中模型个数，方便模型选择，而且还有利于复制、编辑，所复制的模型只要对其中任意一个模型进行修改，其他模型也会发生相同的变化，大大提高了工作效率。

此外，当模型制作成"组件"后可以将其单独导出，以SketchUp文件格式保存，方便与他人分享和再次应用。

1.组件制作

（1）选择需创建组件的模型，单击"常用"工具栏中的组件工具按钮 ，或单击鼠标右键，在弹出的快捷菜单中选择"创建组件"命令（图4-1），弹出"创建组件"对话框（图4-2）。

（2）在"定义"文本框中输入组件名称等参数，设置完成后点击"创建"按钮即可完成所选模型的"组件"制作（图4-3）。完成制作后的组件将作为一个整体，可以方便移动、复制、编辑等。

2.右击菜单

在组件模型上点击鼠标右键，弹出快捷菜单。

（1）选择"编辑模型"或在组件上双击鼠标左键进入组件编辑状态（图4-4）。组件周围呈灰色虚框。可以通过"窗口"下拉菜单中的"模型信息"命令，在弹出的"模型信息"对话框中选择"组件"，设置组件编辑选项，再次可以调整编辑组件状态下其他模型的显示或隐藏（图4-5）。

（2）选择"设定为唯一"，此时该组件对象将成为独立编辑对象，编辑该组件不会影响其他复制对象（图4-6、图4-7）。

（3）选择"炸开模型"，可以将制作完成的组件进行分解，重新成为独立对象（图4-8、图4-9）。

（4）选择"另存为"命令，可将该组件作为SketchUp文件保存，便于与他人共享和随时调用。

小技巧：①在"创建组件"对话框中"总是朝向镜头""阴影朝向太阳"复选框表示在旋转视口时，组件始终以正面面向视口，阴影始终朝向太阳不变；②勾选"用组件替换选择内容"，表示不仅在组件库中建立了组件，而且源模型也变成了组件；③具有相同定义的组件，如果在其中的一个组件内进行操作，其他组件也会发生相应的变化；④对其中的一个组件进行"缩放"操作，其他组件不会发生变化，也不会影响到组件的定义；⑤可以通过"组件"工作面板中的"选择"面板，搜索功能直接搜索其他用户在网上分享的组件，也可以把自己制作好的组件上传到互联网分享给其他用户。

二、群组工具

群组和组件类似，都是一个或多个物体的集合，群组工具可以将部分模型组合起来进行独立操作编辑，合理创建群组能使建模更加方便快捷有效。

1.群组的创建

（1）选择需要创建群组的物体，单击鼠标右键，在弹出的快捷菜单中选择"创建群组"命令（图4-10）。

（2）群组创建完成，群组完成后的模型将成为一个整体（图4-11）。

2.右击菜单

鼠标右击群组，在出现的快捷菜单中出现编辑组、炸开模型操作类似组件。

小技巧：组和群组均可以有嵌套功能，即其内部还可以包含其他组或群组，在其炸开过程中一次只能炸开一级嵌套，内含多级嵌套需要一级一级炸开。

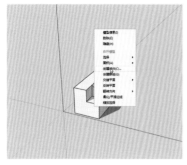

图4-1 创建组件

图4-2 创建组件对话框

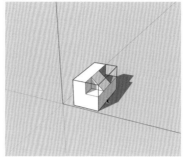

图4-3 创建完成

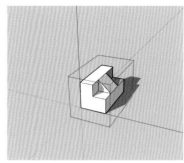

图4-4 组件编辑

图4-5 组件设置

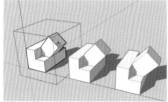

图4-6 编辑组件

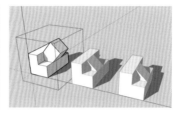

图4-7 唯一编辑

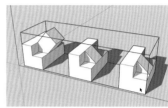

图4-8 炸开前

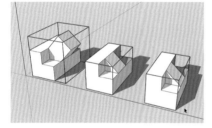

图4-9 炸开后

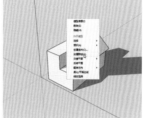

图4-10 创建群组

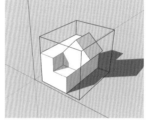

图4-11 完成创建

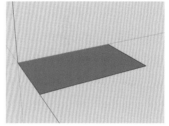

图4-12 绘制矩形

三、实例——绘制儿童高低床

通过实例介绍"群组"工具绘制儿童高低床模型的方法。

1.打开SketchUp，设置场景单位与精确度。

2.激活"矩形"工具，从坐标原点开始绘制一个1280mm×2200mm矩形（图4-12）。

3.激活"矩形"工具，从坐标原点开始绘制80mm×40mm矩形（图4-13）。

4.激活"移动"工具，按Ctrl键，将床角小矩形复制至4个角（图4-14）。

5.激活"推拉"工具，按Ctrl键，推拉床腿，高度300mm（图4-15）。

6.激活"推拉"工具，选择中间的平面，推拉220mm高度，再次按Ctrl键推拉60mm高度及20mm高度（图4-16）。

7.激活"推拉"工具前部向内推拉10mm，并删除多余的线条（图4-17）。

8.激活"直线"工具，捕捉中点，绘制直线（图4-18）。

9.激活"偏移"工具，向内偏移30mm（图4-19）。

10.激活"推拉"工具，中间矩形面向外推拉10mm（图4-20）。

11.激活"推拉"工具，推拉床腿，推拉高度550mm（图4-21）。

12.激活"矩形"工具，在床头位置绘制80mm×20mm矩形（图4-22）。

13.双击创建的矩形，单击鼠标右键，在弹出的快捷菜单中选择"创建群组"（图4-23）。

14.双击群组，进入群组编辑状态，激活"推拉"工具，推拉捕捉至另一个床腿，按空格键结束推拉命令后，在群组外任意位置单击鼠标左键，退出群组编辑状态（图

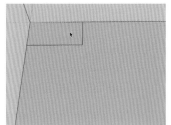

图4-13 绘制矩形

图4-14 复制小矩形

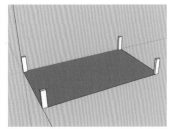

图4-15 推拉床脚

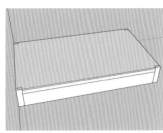

图4-16 创建床板

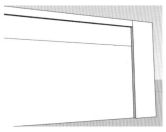

图4-17 向内推拉10mm

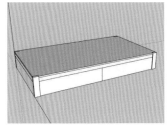

图4-18 绘制中线

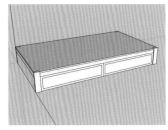

图4-19 向内偏移

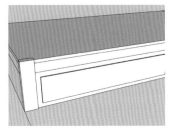

图4-20 向外推拉

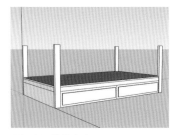

图4-21 推拉床脚

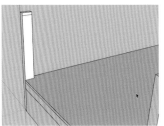

图4-22 绘制矩形

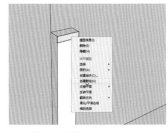

图4-23 创建群组

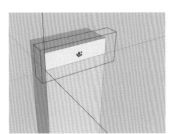

图4-24 进入群组编辑状态

4-24、图4-25)。

15.激活"移动"工具，选择所创建的群组，往下移动复制一组（图4-26）。

16.双击进入复制后的群组，激活"推拉"工具，先向下推拉40mm，前后再往里推拉30mm（图4-27）。

17.激活"矩形"工具，绘制床头直条护栏，其大小为40mm×20mm（图4-28）。

18.双击选择矩形，在右击菜单中选择"创建群组"，激活"移动"工具，移动捕捉中点对齐（图4-29）。

19.双击群组进入组编辑状态，激活"推拉"工具，推拉捕捉至上面横档位置（图4-30）。

20.激活"移动"工具，捕捉右下角点为基点，按住Shift锁定红轴，并按Ctrl键捕捉右侧床腿位置，并输入数"/9"，复制9个（图4-31）。

21.选择床头所有护栏群组，激活移动工具，按Ctrl键复制至右边护栏（图4-32）。

22.激活"推拉"工具，按Ctrl键复制推拉床腿，推拉

高度930mm，如图4-33所示。

23.激活"圆弧"工具，在顶部锁定Z轴绘制半圆弧（图4-34）。

24.激活"推拉"工具，推拉40mm（图4-35）。

25.选择上半部分床腿模型，激活"移动"工具，按Ctrl键，沿横档位置移动复制1040mm（图4-36）。

26.激活"圆弧"工具，在前面一条垂直护栏上绘制半圆弧，并推拉40mm（图4-37）。

27.选择床头上横档护栏，激活"移动"工具，向上对齐复制，双击进入组件编辑状态，激活"推拉"工具，推拉捕捉，修改其长度（图4-38、图4-39）。

28.选择上半部分床腿模型，激活"移动"工具，按Ctrl键，复制一组护栏至右侧（图4-40）。

29.激活"移动"工具，选择下床平面，按Ctrl键，向上复制距离1100mm（图4-41）。

30.激活"直线"工具，添加直线，删除多余的线和面，修改上床铺的宽度（图4-42）。

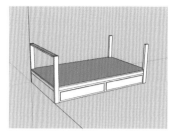

图4-25　推拉捕捉

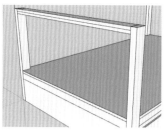

图4-26　移动复制

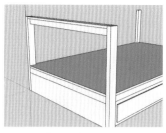

图4-27　推拉修改后效果

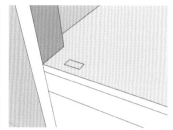

图4-28　床直条护栏

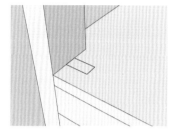

图4-29　移动后效果

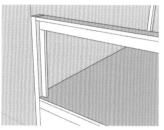

图4-30　推拉后效果

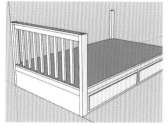

图4-31　移动复制后效果

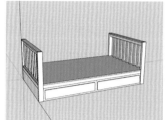

图4-32　复制一组护栏

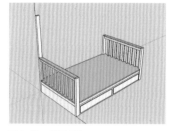

图4-33　推拉930mm

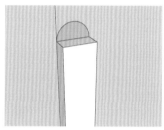

图4-34　绘制半圆弧

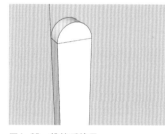

图4-35　推拉后效果

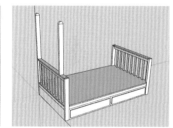

图4-36　移动复制

31.激活"直线"工具，在前面两个床腿位置添加直线，并删除多余的线条（图4-43）。

32.激活"推拉"工具，向上推拉60mm和20mm（图4-44）。

33.绘制上铺床头护栏。激活"移动"工具，将下床铺护栏横档复制（图4-45）。

34.激活"移动"工具，再次选择复制下床铺横档（图4-46）。

35.双击进入组件编辑状态，激活"推拉"工具（图4-47）。

36.激活"移动"工具，再次复制下床铺护栏，并修改其长度（图4-48、图4-49）。

37.激活"移动"工具，同下床铺护栏复制方法复制9个（图4-50）。

38.激活"矩形"工具，捕捉下床护栏中点，绘制矩形护栏板，创建组件，并前后推拉2.5mm，护栏板实际厚度5mm（图4-51）。

39.激活"移动"工具，选择下床铺护栏板和上床铺护栏移动复制至另一端（图4-52）。

40.绘制下床侧面护栏。激活"卷尺"工具，添加150mm距离辅助线（图4-53）。

41.激活"矩形"工具，在辅助线下方绘制20mm×40mm矩形（图4-54）。

42.双击选择矩形，在右击菜单中选择"创建群组"，双击进入群组编辑状态，激活"推拉"工具并删除辅助线（图4-55）。

43.激活"移动"工具，按Ctrl键向下复制（图4-56）。

44.双击进入群组编辑状态，激活"推拉"工具，先向下推拉40mm，再将推拉后的模型前后向内侧各推拉10mm，下横档实际高60mm，厚20mm（图4-57）。

45.激活"矩形"工具，在横档下方绘制20mm×40mm矩形，并双击选择后创建群组，双击进入组编辑状态，激活"推拉"工具，推拉至床面位置（图4-58、图4-59）。

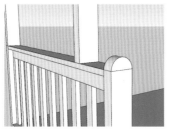

图4-37　顶端圆弧效果

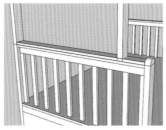

图4-38　向上复制效果

图4-39　修改长度

图4-40　复制一组

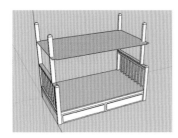

图4-41　复制床面

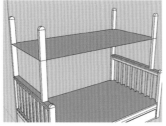

图4-42　修改床的宽度

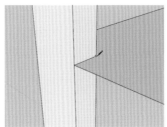

图4-43　添加和删除线

图4-44　推拉后效果

图4-45　复制护栏横档

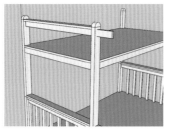

图4-46　复制60mm横档

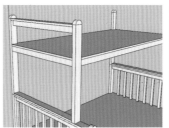

图4-47　修改长度

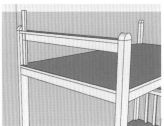

图4-48　复制后效果

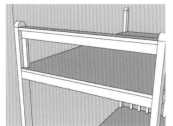

图4-49　修改长度后效果

图4-50　复制后效果

图4-51　添加护栏板

图4-52　复制一组

图4-53　添加辅助线

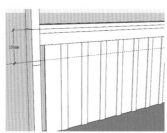

图4-54　绘制矩形

图4-55　下床护栏横档效果

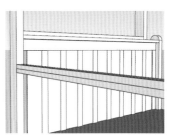

图4-56　复制横档

46.选择完成后的模型，激活"移动"工具，按Ctrl键将其复制至另一端，输入数值"/19"（图4-60）。

47.选择下床两条横档，激活"移动"工具，按Ctrl键复制至上床横档位置（图4-61）。

48.选择下床护栏竖条，激活"移动"工具，移动复制至上床护栏位置，并进入组件编辑状态，激活"推拉"工具，推拉修改长度（图4-62）。

49.选择复制后的模型，激活"移动"工具，按Ctrl键将其复制至另一端，输入数值"/19"（图4-63）。

50.制作床板效果。激活"直线"工具，在下床面添加直线（图4-64）。

51.选择中间面，按Delete键删除（图4-65）。

52.选择侧面横档，激活"移动"工具，按Ctrl键复制至床面位置（图4-66）。

53.选择复制后的模型，激活"移动"工具，按Ctrl键，移动至另一端，输入数值"/25"（图4-67）。

54.用同样方法制作上床铺效果，床板条数量为22（图4-68）。

55.选择上床后面护栏，激活"移动"工具，复制一组至前面护栏（图4-69）。

56.楼梯位置修改。根据楼梯放置位置，修改上护栏，删除护栏（图4-70）。

57.分别进入群组，通过"推拉"工具，修改长度和宽度（图4-71）。

58.创建楼梯。激活"矩形"工具，绘制1280mm×500mm矩形（图4-72）。

59.激活"推拉"工具，推拉300mm（图4-73）。

60.激活"卷尺"工具，添加辅助线，距离300mm，激活"直线"工具，在辅助线位置绘制直线（图4-74）。

61.删除辅助线，激活"推拉"工具，推拉高度300mm，第二个台阶完成（图4-75）。

62.激活"卷尺"工具，添加辅助线，距离300mm，激活"直线"工具，在辅助线位置绘制直线（图4-76）。

63.删除辅助线，激活"推拉"工具，推拉高度

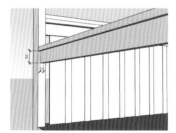

图4-57 推拉后效果

图4-58 绘制矩形

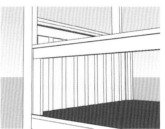

图4-59 推拉后效果

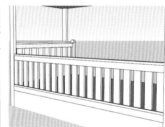

图4-60 复制19组

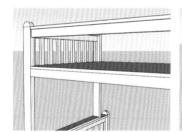

图4-61 复制横档

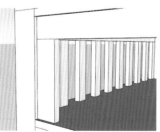

图4-62 上护栏竖条

图4-63 复制后效果

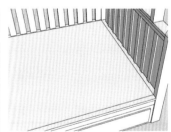

图4-64 添加直线

图4-65 删除面

图4-66 复制横档

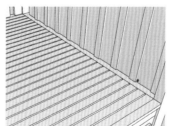

图4-67 复制25条

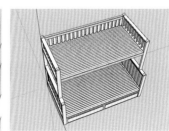

图4-68 完成后效果

300mm，第三个台阶完成（图4-77）。

64.用同样方法完成第四个台阶效果（图4-78）。

65.制作抽屉效果。激活"偏移"工具，第一个抽屉位置向内偏移30mm（图4-79）。

66.激活"偏移"工具，向内偏移40mm（图4-80）。

67.制作抽屉把手。激活"卷尺"工具，添加辅助线（图4-81），垂直辅助线距离分别为180mm和80mm，水平辅助线距离20mm。

68.激活"直线"工具，在辅助线位置添加直线，并清除辅助线（图4-82）。

69.选择抽屉把手下边线，单击鼠标右键，在弹出的快捷菜单中选择"拆分"，将直线拆分成三段（图4-83）。

70.激活"圆弧"工具，绘制圆弧，圆弧呈高亮显示（图4-84）。

71.删除多余的直线，激活"推拉"工具，向内推拉距离10mm（图4-85）。

72.选择抽屉模型，激活"移动"工具，按Ctrl键复制

至其余三个抽屉位置（图4-86）。

73.绘制楼梯扶手。激活"矩形"工具，在顶部绘制40mm×40mm矩形（图4-87）。

74.双击矩形，创建群组，双击进入群组编辑状态，激活"推拉"工具，推拉高度550mm（图4-88）。

75.激活"移动"工具，复制至其他位置（图4-89）。

76.添加扶手横档。激活"矩形"工具，在第二个台阶位置绘制矩形40mm×40mm，双击选择后创建群组，并推拉成横档（图4-90、图4-91）。

77.按照相同的方法创建护栏横档（图4-92）。

78.激活"矩形"工具，绘制40mm×40mm矩形（图4-93）。

79.选择矩形将其创建群组，双击进入群组编辑状态，激活"推拉"工具，推拉距离900mm（图4-94）。

80.选择面，锁定Z轴移动至护栏垂直条顶部位置，如图4-95所示。退出编辑状态（图4-96）。

81.双击进入垂直护栏群组编辑状态，激活"直线"工

图4-69　创建前面护栏

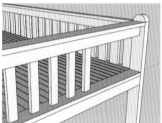

图4-70　删除护栏

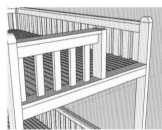

图4-71　修改后效果

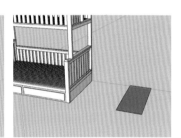

图4-72　绘制矩形

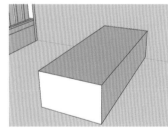

图4-73　推拉30mm

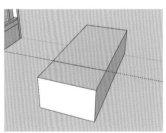

图4-74　添加辅助线

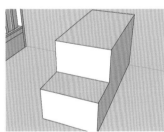

图4-75　推拉300mm

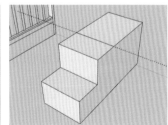

图4-76　添加辅助线

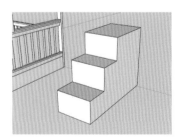

图4-77　第三个台阶完成效果

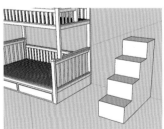

图4-78　第四个台阶

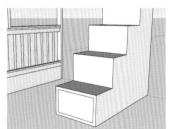

图4-79　向内偏移

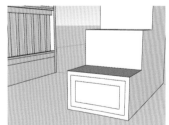

图4-80　向内偏移40mm

具，添加斜线（图4-97）。

　　82.激活"推拉"工具，推拉删除三角形（图4-98）。

　　83.用相同方法修改其他护栏垂直线条模型，完成（图

4-99）。

　　84.激活"材质"工具，添加材质（图4-100）。

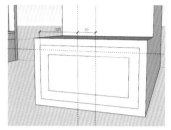

图4-81　添加辅助线

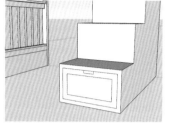

图4-82　绘制直线

图4-83　拆分直线

图4-84　绘制圆弧

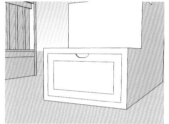

图4-85　向内推拉

图4-86　复制抽屉效果

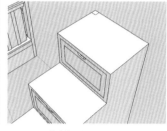

图4-87　绘制矩形

图4-88　推拉

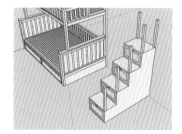

图4-89　移动复制

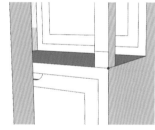

图4-90　绘制矩形

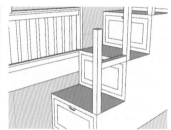

图4-91　横档效果

图4-92　绘制横档

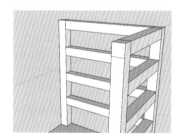

图4-93　绘制矩形

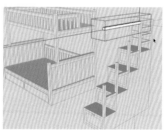

图4-94　推拉900mm

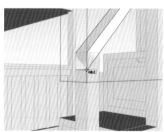

图4-95　移动平面

图4-96　退出编辑状态效果

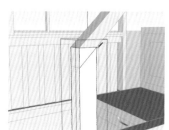

图4-97　添加斜线

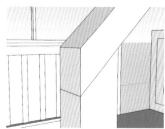

图4-98　推拉三角形

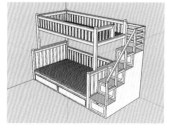

图4-99　完成后效果

图4-100　材质完成后效果

第二节 实体工具

类似于3dmax软件中的"布尔运算"命令，可以在群组或组件间进行布尔运算，以便创建复杂模型。通过执行"视图"下拉菜单中"工具栏"命令，在弹出的"工具栏"对话框中勾选"实体工具"选项，或在"主工具栏"上单击鼠标右键，在右击菜单中勾选"实体工具"选项，实体工具栏包含"外壳""相交""联合""减去""剪辑""拆分"六个工具 。

一、实体外壳

"实体外壳"工具 对指定模型（群组或组件）合并成一个大的群组或组件。

1.将场景中两个几何体模型分别创建成群组或组件（图4-101）。

2.激活"外壳"命令，将鼠标移动到其中一个几何体上，将会出现"实体组①"的提示，单击鼠标（图4-102）。

3.鼠标移动到另一个几何体上，会出现"实体组②"的提示（图4-103），单击确定选择，两个实体合并成一个整体（图4-104）。

小技巧：①如果需要合并场景中多个几何体，可以先选择全部模型，再激活"外壳"命令，即可快速合并；②外壳工具的功能与组的嵌套有点类似，都可以将多个实体组成一个大的对象。组嵌套炸开后仍可以对组内嵌套组进行单独编辑，外壳工具进行组合的实体是一个独立实体，炸开后将无法进行单独编辑。

二、相交工具

"相交"工具实现实体模型布尔相交运算，可获取实体模型相交的那部分模型。

1.场景中建立长方体和圆柱体两个模型，并分别建立群组或组件（图4-105）。单击圆柱体将其移至长方体与其相交（图4-106）。

2.激活"相交"命令 ，光标移动至长方体模型，将会出现"实体组①"的提示（图4-107）。

3.单击鼠标，光标移动至圆柱体模型，将会出现"实

体组②"的提示（图4-108）。

4.单击鼠标，即可获得两个"实体"相交部分的模型（图4-109）。

三、联合工具

"联合"工具 实现实体模型布尔并集运算，可使几个实体模型合并成一个大的模型。其功能类似"外壳"工具，"外壳"工具合并后的实体模型将会删除内部元素，"联合"工具则保留内部元素（图4-110~图4-112）。

"联合"工具和"外壳"工具操作相同，不再赘述。

四、减去工具

"减去"工具 实现实体模型布尔减法运算，可将某个实体模型与其他模型相交部分切除。

1.选择圆柱体模型移动至长方体模型（图4-113）。

2.激活"减去"命令，移动光标至长方体模型，此时会出现"实体组①"提示（图4-114）。

3.点击鼠标，光标移至圆柱体模型，此时会出现"实体组②"提示，点击鼠标，减去了实体相交部分模型（图4-115）。

4.选择实体模型先后顺序不同，"减去"运算后的效果也不同（图4-116~图4-118）。

五、剪辑工具

"剪辑"工具 功能类似于"减去"工具，但其操作完成后不会删除模型切除部分，操作与"减去"一致（图4-119~图4-121）。

六、拆分工具

"拆分"工具 类似"相交"工具，可获得实体模型相交部分模型成为独立的模型，原来的实体模型保留不相交部分，分别成为独立的模型，操作方法同"相交"工具（图4-122~图4-124）。

七、实例——绘制艺术字体

通过实例介绍"实体"工具绘制艺术字体模型的方法。

1.打开SketchUp，设置场景单位与精确度。

2.激活"三维文字"工具，在打开的对话框中输入"LOW"，字体为"方正粗黑宋简体"，高度100mm，延伸30mm（图4-125），放置于坐标原点处（图4-126）。

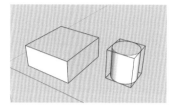

图4-101　模型合并前

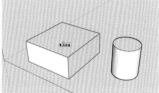

图4-102　实体组①

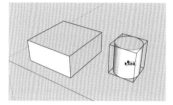

图4-103　实体组②

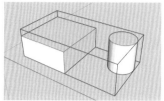

图4-104　外壳完成后效果

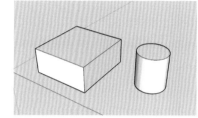

图4-105　场景模型

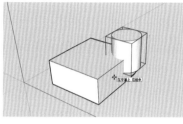

图4-106　移动后模型

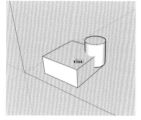

图4-107　实体组①

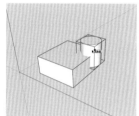

图4-108　实体组②

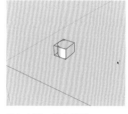

图4-109　相交模型

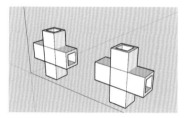

图4-110　两组模型

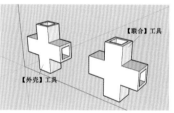

图4-111　两组操作

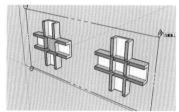

图4-112　截面后效果

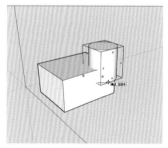

图4-113　移动模型

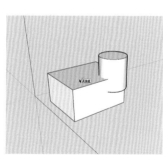

图4-114　选择第一个模型

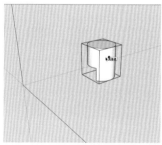

图4-115　减去完成

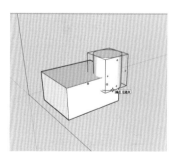

图4-116　移动模型

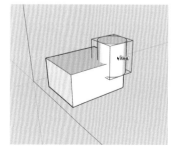

图4-117　选择第一个模型

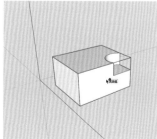

图4-118　减去完成

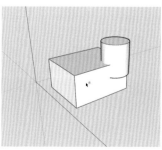

图4-119　选择第一个模型

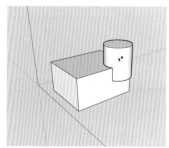

图4-120　剪辑完成

3.用相同方法放置文字"HIGH"（图4-127）。

4.激活"矩形"工具，绘制600mm×600mm矩形（图4-128）。

5.激活"推拉"工具，向上推拉距离30mm，向下推拉距离10mm（图4-129）。

6.选择文字"ＬＯＷ"，激活"旋转"工具（图4-130）点击矩形角点选择旋转中心，沿绿轴点击矩形另一角点选择旋转起点，向上移动鼠标点击左键，在键盘中输入角度值"20"，按回车键（图4-131、图4-132）。

7.选择文字"HIGH"，激活"旋转"工具，量角器保持红色状态，按Shift键锁定状态，在文字旋转位置点击鼠标左键，确定旋转中心（图4-133）。

8.同步骤6确定旋转起点，旋转角度值20（图4-134）。

9.三击矩形模型，单击鼠标右键，在弹出的快捷菜单中选择"创建群组"（图4-135）。

10.选择矩形模型，激活"移动"工具，移动矩形锁定红轴反方向移动160mm，锁定绿轴反方向移动160mm，使文字基本保持在中心位置（图4-136）。

11.选择文字"LOW"，激活实体"减去"工具，鼠

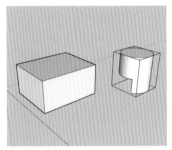
图4-121 剪辑效果

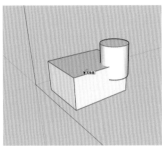
图4-122 激活拆分工具

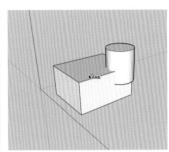
图4-123 完成拆分

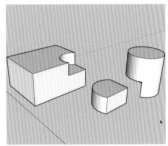
图4-124 拆分效果

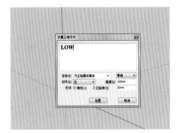
图4-125 三维文字设置

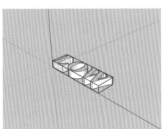
图4-126 放置文字LOW

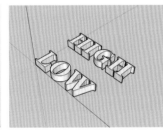
图4-127 放置文字HIGH

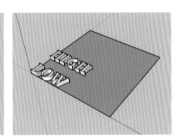
图4-128 绘制矩形

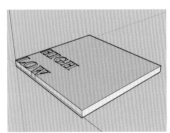
图4-129 推拉矩形

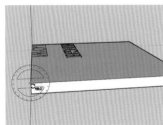
图4-130 选择旋转中心

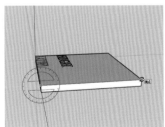
图4-131 选择旋转起点

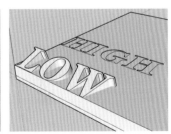
图4-132 旋转后效果

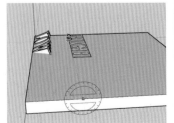
图4-133 确定旋转中心

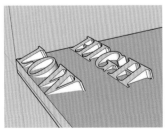
图4-134 旋转后效果

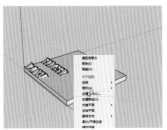
图4-135 创建群组

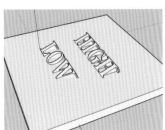
图4-136 移动矩形

标移动至矩形，出现"实体组②"，点击左键确认（图4-137、图4-138）。

12.选择减去后的模型，激活实体"联合"工具，移动鼠标至文字"HIGH"，鼠标右下方出现"实体组②"字样，单击鼠标左键，完成联合操作（图4-139、图4-140）。

13.激活"材质"工具，赋予文字颜色（图4-141）。

图4-137 减去实体组

图4-138 实体减去后效果

图4-139 联合操作

图4-140 完成后效果

图4-141 赋予材质后效果

第三节 沙箱工具

"沙箱"主要用于创建三维地形或网状结构模型。通过"视图"下拉菜单中的"工具栏"命令，在弹出的对话框中勾选"沙箱"选项，或在"主工具栏"中单击右键，在弹出的快捷菜单中勾选"沙箱"。沙箱工具中包含"根据等高线创建""根据网格创建""曲面起伏""曲面平整""曲面投射""添加细部""对调角线"七个工具。

一、根据等高线创建

"根据等高线创建"工具 能快速地根据所绘制的等高线创建三维模型，其等高线可以是直线、手绘线、圆弧、圆等。

1.在场景中用直线、手绘线、圆弧或圆绘制线条（图4-142），用"移动"工具 移动等高线（图4-143）。

2.选择一组等高线，单击"根据等高线创建"工具 ，完成等高线创建（图4-144）。

二、实例——绘制太阳伞

利用"沙盒"工具中的"根据等高线创建"工具，绘制户外太阳伞模型的方法。

1.打开SketchUp，设置场景单位与精确度。

2.激活"多边形"工具，在数值输入框输入"8"，以坐标轴原点为多边形中心，创建一个半径为1500mm的八边形，八边形角点与轴对齐（图4-145）。

3.激活"直线"工具，从坐标轴原点开始，沿着蓝轴向上绘制一条650mm长直线（图4-146）。

4.激活"圆"工具，在直线顶端绘制一个半径为25mm的圆（图4-147）。

5.激活"直线"工具，以圆心为直线的第一个端点，以八边形的角点为第二个端点，绘制一条直线（图4-148）。

6.选择斜线直线条，激活"旋转"工具，鼠标左键单击圆心，以圆心为旋转中心，按住Ctrl键，点击八边形任意一个角点作为旋转起点，点击八边形相邻的角点为旋转终点，在"数值"输入框中输入"7X"，旋转复制7份（图4-149～图4-152）。

7.删除八边形的面和在蓝轴上的直线，保留伞的骨架（图4-153）。

8.选择伞的骨架，不包含顶部圆，激活"根据等高线创建"工具 ，伞面创建完成（图4-154）。

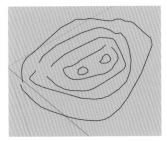
图4-142 绘制线条

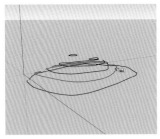
图4-143 移动等高线

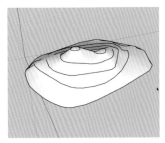
图4-144 完成效果

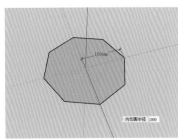
图4-145 创建八边形

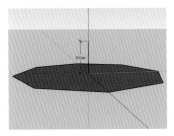
图4-146 绘制直线

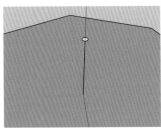
图4-147 绘制圆

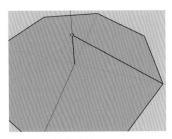
图4-148 绘制直线

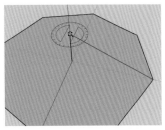
图4-149 旋转中心

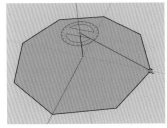
图4-150 旋转起点

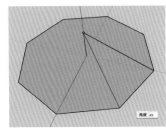
图4-151 旋转角度

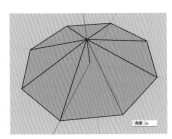
图4-152 旋转复制8个

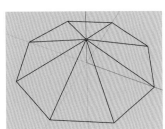
图4-153 删除多余的面

9.制作伞柄。激活"偏移"工具，将圆向内偏移5mm，并删除中间的面（图4-155）。

10.激活"推拉"工具，向下推拉3000mm，向上推拉100mm（图4-156）。

11.选择伞面和伞柄，单击鼠标右键，在弹出的快捷菜单中选择"创建群组"（图4-157）。

12.激活"圆"工具，按住Shift键锁定XY平面，捕捉伞的角点，绘制一个半径为5mm的圆（图4-158）。

13.激活"推拉"工具，向上推拉1000mm，并将其创建群组（图4-159）。

14.选择圆柱模型，激活"旋转"工具，按住Shift键锁定YZ平面，打开透视显示模式，捕捉圆心，确定旋转中心（图4-160）。

15.捕捉顶部圆心作为旋转起点（图4-161）。

16.捕捉伞柄与伞面交叉位置的点作为旋转终点，旋转后效果（图4-162）。

17.双击进入群组编辑状态，激活"推拉"工具，推拉捕捉至伞顶部位置，调整其长度（图4-163）。

18.选择伞骨，激活"移动"工具，将其往下移动对齐至伞角位置（图4-164）。

19.双击进入组件，激活"推拉"工具，往外推拉25mm（图4-165）。

20.选择伞骨，激活"移动"工具，按住Shift锁定蓝轴，按Ctrl键向下移动复制，距离为450mm（图4-166）。

21.激活"旋转"工具，按住Shift键锁定YX平面，打开透视显示模式，捕捉伞骨与伞柄交叉位置处的圆心为旋转中心点（图4-167）。

22.单击伞骨另一端点圆心，确定旋转起点，旋转角度40°（图4-168）。

23.双击伞骨进入群组编辑状态，激活"推拉"工具，推拉修改其长度至伞面位置（图4-169）。

24.选择伞骨和伞骨支架，激活"旋转"工具，捕捉伞

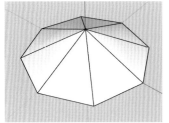

图4-154　伞面完成效果

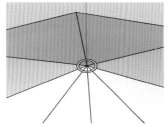

图4-155　向内偏移

图4-156　伞柄完成效果

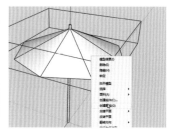

图4-157　创建群组

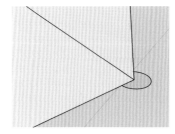

图4-158　绘制圆

图4-159　推拉伞骨

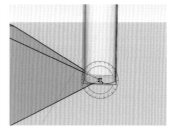

图4-160　确定旋转中心

图4-161　确定旋转起点位置

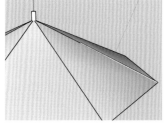

图4-162　旋转后效果

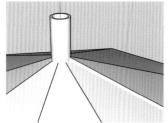

图4-163　调整伞骨长度

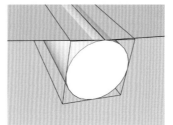

图4-164　移动伞骨

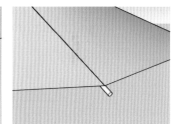

图4-165　推拉伞骨

柄中心为旋转中心，旋转复制七组（图4-170）。

25.激活"材质"工具，赋予材质后的效果（图4-171）。

三、根据网格创建

"根据网格创建"工具█可以在场景中创建网格，再通过拉伸局部网格形成三维地形模型，所绘制的地形比较自然逼真。

1.激活"根据网格线创建"命令，在输入框中输入网格间距值"1000"。

2.单击鼠标确定网格起点位置，往红轴方向移动鼠标，在输入框中输入长度值"40000"。

3.往绿轴方向移动鼠标，在输入框中输入长度值"60000"，完成绘制精确矩形网格（图4-172），然后利用"沙箱"工具栏中的其他工具绘制三维地形图。

四、曲面起伏

"曲面起伏"工具█为创建的网格制作曲面起伏效果。

1.双击网格，进入网格编辑状态，激活"曲面起伏"命令，将光标移至网格表面，在输入框中输入起伏所辐射的半径值"10000"（图4-173）。

2.单击鼠标，沿着蓝轴移动鼠标，在输入框中输入偏移值"2500"，确定起伏高度（图4-174）。完成效果（图4-175、图4-176）。

五、曲面平整

"曲面平整"工具█可以在高低起伏的地形上平整场地和创建建筑基面。

1.用移动工具将房子放置在网格曲面上方（图

4-177)。

2.激活"曲面平整"命令,单击光标移至房子,房子下方会出现红色线框(图4-178)。

3.继续单击网格面,在山地上会挤出平整面,其挤出高度可以通过鼠标移动进行调整,单击鼠标确定,也可以在输入框中输入具体数值(图4-179)。

4.移动房子至平台位置,完成曲面平整(图4-180)。

六、曲面投射

"曲面投射"工具 🔵 可以将物体的形状投影到地形上。常用于在坡地上创建道路、广场等。

1.激活"曲面投射"命令,将光标移至需要投影的图元上并单击图元(图4-181)。

2.再将光标移至投射网格面上,光标呈红色,单击鼠标,完成投射,删除原投射面(图4-182)。

七、添加细部

"添加细部"工具 🔷 可以对地形网格面进一步细分。常用于调整地形表面的细部效果,而使地形效果更加逼真。

1.双击网格地形进入编辑状态,激活"添加细部"命令,将光标移至某个边线,单击鼠标。

图4-166 向下移动复制伞骨

图4-167 确定旋转中心

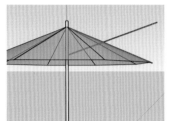
图4-168 旋转后效果

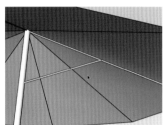
图4-169 伞骨支架效果

图4-170 伞骨支架效果

图4-171 赋予材质后效果

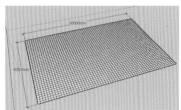
图4-172 根据网格创建

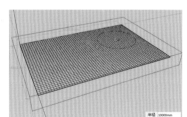
图4-173 起伏辐射范围

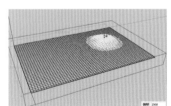
图4-174 起伏偏移距离

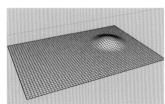
图4-175 完成效果

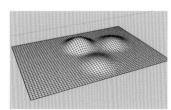
图4-176 再次添加效果

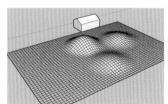
图4-177 确定房子位置

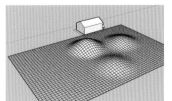
图4-178 单击房子

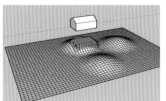
图4-179 单击曲面

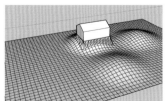
图4-180 完成效果

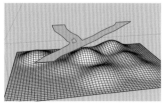
图4-181 单击投射图元

2.移动鼠标调整细部变化，单击完成（图4-183）。

3.细化部分模型。选择需要细化的网格（图4-184），激活"添加细部"命令，完成细化（图4-185）。

八、对调角线

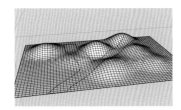

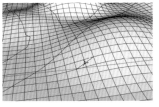

图4-182　完成投射效果　　　　图4-183　单击（添加）细部

"对调角线"工具 ◢ 可以通过改变地形网格三角面边线方向对地形进行局部的调整。

1.在"视图"下拉菜单中勾选"隐藏物体"，网格中

显示对角虚线（图4-186）。

2.激活"对调角线"命令，光标移至对角线上，对角线以高亮显示，单击对角线，即可将其对调（图4-187）。

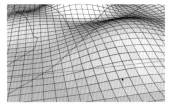

图4-184　完成效果

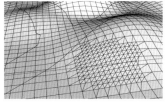

图4-185　局部细化效果

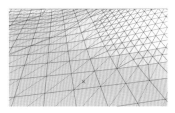

图4-186　单击对调

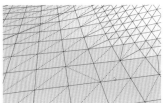

图4-187　对调完成

第四节　图层设置

图层的主要作用是将场景物体分类显示或隐藏，方便管理场景中所创建的模型。

通过"视图"下拉菜单中的"工具栏"，打开工具栏对话框，勾选"图层"，打开图层工具栏（图4-188）。也可以在"主工具栏"或"大工具栏"上单击鼠标右键，勾选"图层"。

通过"窗口"下拉菜单中的"默认面板"子菜单中勾选"图层"，则在默认面板中将会显示图层管理器（图4-189）。

一、图层添加、重命名与删除

1.添加图层

在SketchUp中，新建文件的默认图层为layer0，通过图层管理面板可以添加新的图层。

打开"图层"管理面板，单击"添加图层"按钮 ⊕，即可新建"图层"（图4-190），共添加5个图层。点击图层工具栏，添加图层后图层工具栏效果（图4-191）。

2.重命名图层

对已经新建的图层可以对其默认的图层名称进行重新

命名，双击图层管理面板上需要修改的图层名，输入需要重新命名的名称并按回车键确认（图4-192）。重命名后图层工具栏名称也会自动更新（图4-193）。

3.删除图层

在图层管理面板中选择需要删除的图层，单击"删除图层"按钮 ⊖（图4-194）。如果删除图层包含模型将会弹出对话框"删除包含图元的图层"（图4-195），选择图层模型处理方式，按"确定"按钮即可完成删除涂层。

二、设为当前图层、显示与隐藏图层

1.设置当前图层

（1）在图层管理器中点击沙发图层前的小圆点（图4-196）。或在图层工具栏中勾选沙发，均可将沙发图层设为当前图层。

（2）通过"文件"下拉菜单中的"导入"命令，导入沙发模型，此时沙发模型即在当前图层中（图4-197）。

（3）同理，在茶几、植物、画、茶具等图层中分别导入相应的模型（图4-198）。

2.显示与隐藏图层

打开图层管理面板，可见选项框中已勾选的则该图层显示，取消勾选为隐藏图层（图4-199、图4-200）。如果隐藏图层被设为当前图层，该图层自动变成可见图层。

3.图层颜色

场景中的所有模型可以以图层颜色显示，通过勾选"详细信息"菜单中的"图层颜色"完成设置（图4-201、图4-202）。在图层管理面板中，每个图层后面有一个颜色色块，通过点击该色块可以调整它的颜色。

4.改变物体所在图层

在建模过程中发现模型所在的图层没有按规则分类，可以通过改变物体所在的图层进行调整。

（1）在场景中选择模型对象，打开图元信息面板下拉列表，选择新图层即可（图4-203）。

（2）在场景中选择模型对象，打开图层工具栏下拉列表，选择新图层即可（图4-204）。

小技巧：①可以同时选择多个图层进行操作。按住Shift键可以选择多个连续图层，按住Ctrl键可以进行多选，"详细信息"按钮菜单中的"全选"可以选择全部图层；②如果图层中没有模型对象，该图层是空图层，没有存在的意义，我们可以通过"详细信息"菜单中的"清除"清除该图层。"清除"命令可以自动识别空图层，全部删除；③同一个图层的物体可以在不同的组，同一个组也可以有不同层的物体，两者是相对独立的组织管理系统。

图4-188 图层工具栏
图4-189 图层管理器 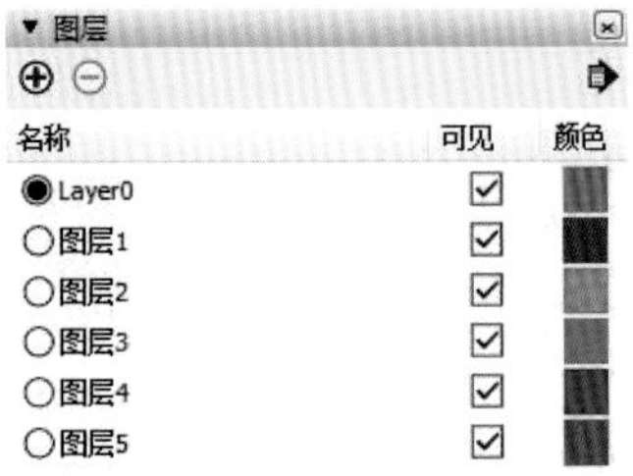
图4-190 添加图层

图4-191 图层工具栏
图4-192 重命名

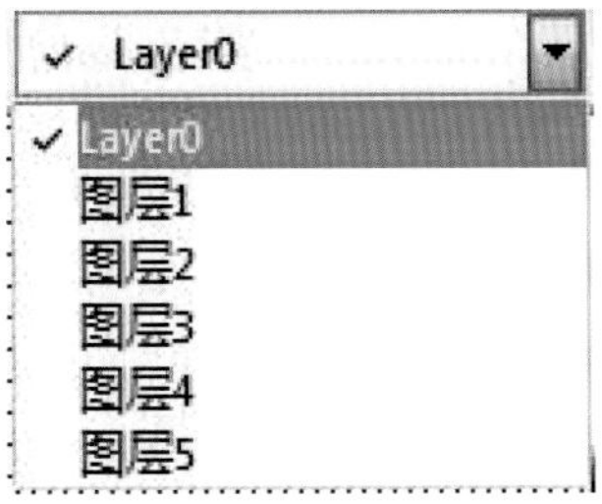

图4-193 图层工具栏 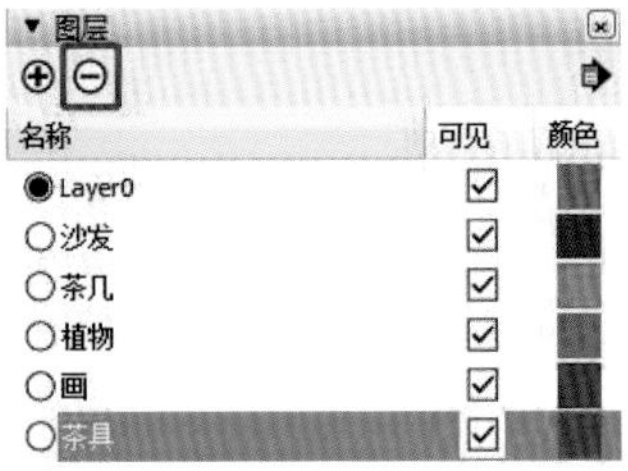
图4-194 删除图层 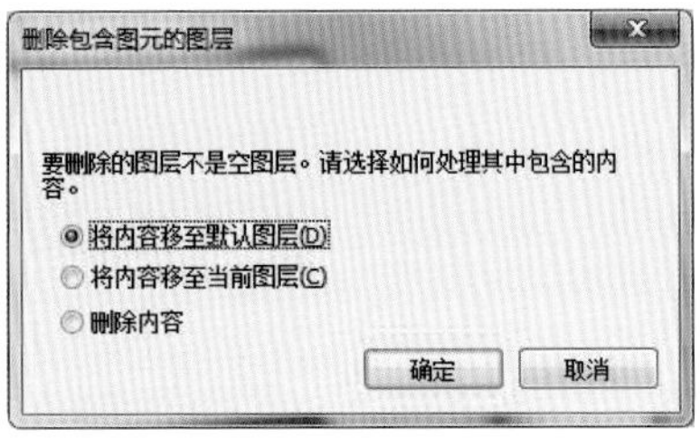
图4-195 删除包含图元的图层 
图4-196 设置当前图层

图4-197 工具栏设置当前层 
图4-198 当前图层导入模型 
图4-199 图层管理面板设置图层显示隐藏 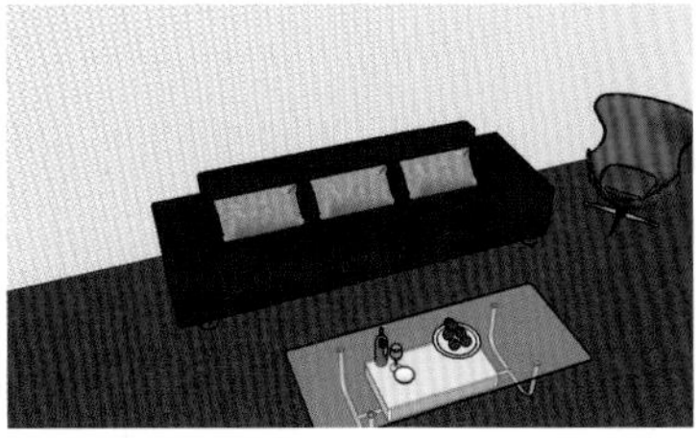
图4-200 隐藏图层效果

图4-201 图层颜色设置
图4-202 完成效果 
图4-203 模型信息设置 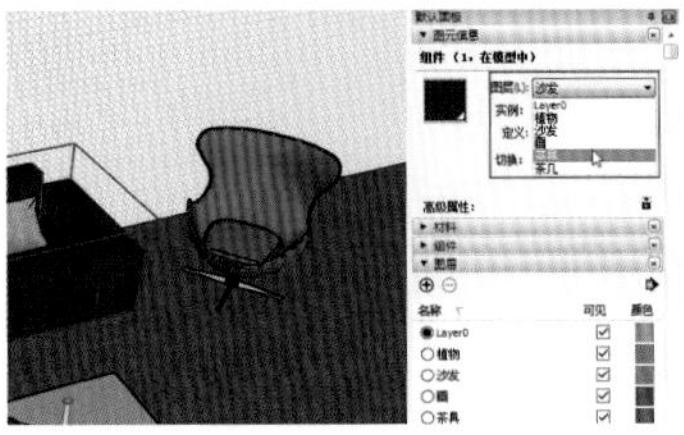
图4-204 图层工具栏设置

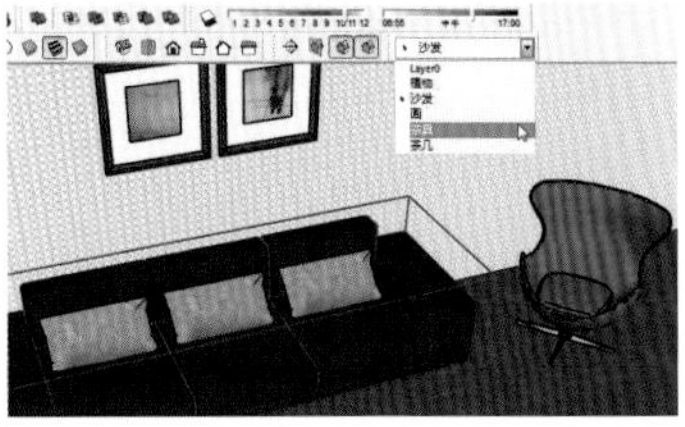

第五节　场景的设置

场景的主要作用是保存相机视图和生成动画，方便相机视图的保存，每个调整后相机视图可以保存为一个场景，场景和场景间的转换生成动画。

通过"窗口"下拉菜单中的"默认面板"打开"场景"工具栏对话框，勾选"场景"，打开图层工具栏。也可以在"主工具栏"或"大工具栏"上单击鼠标右键，勾选"图层"。

通过"窗口"下拉菜单中的"默认面板"子菜单中勾选"场景"，则在默认面板中将会显示"场景管理器"（图4-205）。

一、场景的添加、删除、更新、上下移动

1.场景的添加

在SketchUp中，新建的文件没有保存场景，通过不同的方法添加新的场景。

打开"场景"管理面板，单击"添加场景"按钮⊕，即可新建"场景"，添加一个场景（图4-206）。也可在"视图"下拉式菜单"动画"中选择"添加场景"。场景添加后会在绘图区域的左上角出现"场景1"选项卡（图4-207）。

当场景中相机位置发生变化后，可以再次添加场景，除了上述两种添加场景的办法以外，还可以通过将鼠标移至场景选项卡标签上，单击鼠标右键，在弹出的快捷菜单中选择"添加"（图4-208～图4-210）。

2.场景删除

（1）在"场景管理器"中选择要删除的场景然后单击"删除场景"。

（2）将鼠标移至该场景选项卡上，单击鼠标右键，选择"删除"。

（3）选择需要删除的场景选项卡，打开"视图"下拉菜单"动画"，选择"删除场景"。

3.场景更新

当我们的相机位置发生了变化，并需要保存的时候，我们可以通过更新场景，改变当前场景相机视图，同样可以通过三个途径来更新场景。

（1）在"场景管理器"中选择要更新的场景然后单击"菜单" ➡ 选择"更新场景"。

（2）将鼠标移至该场景选项卡上单击鼠标右键，选择"更新"。

（3）选择需要更新的场景选项卡，打开"视图"下拉菜单"动画"，选择"更新场景"。

4.场景上移或下移

当我们在制作动画时，场景变化的顺序需要调整，可以通过三个途径来上移或下移场景。

（1）在"场景管理器"中选择要上移或下移的场景，然后单击下移 ↓ 或上移 ↑。

（2）将鼠标移至该场景选项卡上，单击鼠标右键，选择"上移"或"下移"。

（3）选择需要移动的场景选项卡，打开"视图"下拉菜单"动画"，选择"上移场景"或"下移场景"。

5.场景重命名

新建的场景系统会给出一个默认的场景名称，我们可以通过如下方式进行重命名。打开"场景管理器"，选择需要重命名的场景，单击鼠标右键，在出现的快捷菜单中选择"重命名场景"，在"名称"栏中输入新的名称（图4-211）。

二、场景详细信息

在"场景管理器"中点击"显示详细信息"按钮📷，展开详细信息内容（图4-212）。

1."包含在动画中"：取消勾选，播放动画时自动跳过此场景页面。

2."名称"：给所选场景页面重新命名。

3."说明"：可以给所选场景页面添加注释。

4."要保存的属性"：控制场景页面要记录的模型属性。

三、场景动画

1.场景动画播放

（1）在场景选项卡标签上单击鼠标右键，在弹出的快捷菜单中选择"播放动画"，系统将会按动画设置的场景

的过度和场景的暂停时间进行播放。

（2）可以在"视图"下拉菜单下的"动画"菜单中选择"播放"。

2.场景动画设置

在"视图"下拉菜单下的"动画"菜单中选择"设置"，将会弹出"动画设置"对话框（图4-213）。

3.动画的导出

动画的导出是通过"文件"下拉菜单中的"导出"，选择"动画"，可以有两种导出格式选择，一种是"视频"，输出的是一段视频动画；另一种是"图像集"格式，可以通过"选项"按钮，设置图像输出的分辨率、长宽比、帧速率等（图4-214），输出的图片集合。

四、实例——长廊模型的绘制及场景动画制作

通过实例介绍"场景"动画的制作方法。

1.打开SketchUp，设置场景单位与精确度。

2.激活"矩形"工具，从坐标原点开始绘制一个5800mm×5800mm矩形（图4-215）。

3.激活"推拉"工具，推拉高度90mm（图4-216）。

4.激活"偏移"工具，向内偏移4次，偏移值分别为600mm、90mm、540mm、180mm，鼠标左键三击模型全选，单击鼠标右键在弹出的快捷菜单中，选择"创建组件"（图4-217）。

5.激活"卷尺"工具，添加辅助线，距离周边90mm（图4-218）。

6.绘制柱子。激活"矩形"工具，绘制460mm×460mm矩形，并"创建组件"（图4-219）。

7.双击进入群组，激活"推拉"工具，推拉90mm高度（图4-220）。

8.激活"偏移"工具，向内偏移20mm（图4-221）。

9.激活"推拉"工具，向上推拉50mm（图4-222）。

10.再次激活"偏移"工具，向外偏移20mm，激活"推拉"工具，推拉250mm（图4-223）。

11.中间面再次推拉50mm，激活"偏移"工具，往外偏移20mm，激活"推拉"工具，往上推拉90mm（图4-224）。

图4-205　场景工作面板

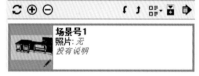

图4-206　添加一个场景

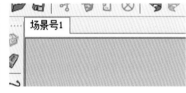

图4-207　场景选项卡

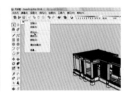

图4-208　再次添加场景

图4-209　再次添加后效果

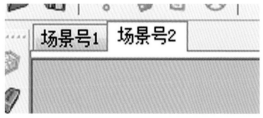

图4-210　场景选择卡效果

图4-211　场景重命名

图4-212　详细信息内容

图4-213　动画设置

图4-214　帧速率

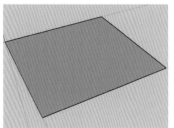

图4-215　绘制矩形

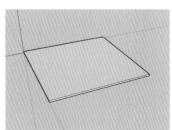

图4-216　推拉90mm

12.激活"偏移"工具,往里偏移50mm;激活"推拉"工具,往上推拉50mm(图4-225)。

13.激活"偏移"工具,往里偏移20mm;激活"推拉"工具,往上推拉20mm;再次激活"偏移"工具,往里偏移20mm,往上推拉20mm(图4-226)。

14.激活"推拉"工具,往上推拉2400mm(图4-227)。

15.激活"圆"工具,捕捉顶部正方形中心作为圆心,绘制一个半径为120mm的圆;激活"推拉"工具,推拉高度为40mm(图4-228)。

16.激活"偏移"工具,向内偏移35mm;激活"推拉"工具,向上推拉20mm;激活"橡皮擦"工具,擦除圆柱边上的直线(图4-229)。

17.退出组件,绘制柱头。激活"多边形"工具,输入"4s"绘制四边形,捕捉圆心作为多边形中心,第二点捕捉下方的柱子角点(图4-230)。

18.双击矩形,创建组件,双击进入组内,激活"偏移"工具,向外偏移距离6mm(图4-231)。

19.激活"推拉"工具,推拉距离150mm(图4-232)。

20.激活"偏移"工具,向内偏移30mm距离(图4-

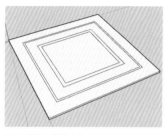

图4-217 偏移4次

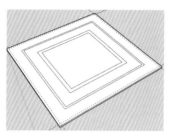

图4-218 确定柱子位置

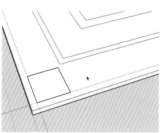

图4-219 绘制矩形

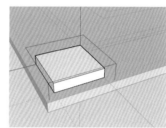

图4-220 推拉90mm

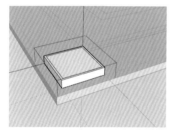

图4-221 向内偏移

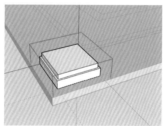

图4-222 推拉50mm

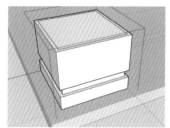

图4-223 完成后效果

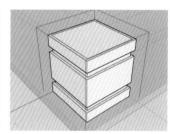

图4-224 完成后效果

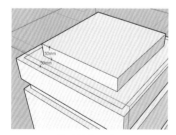

图4-225 偏移推拉后效果

图4-226 偏移推拉后效果

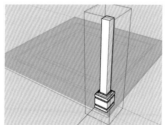

图4-227 推拉2400mm

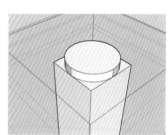

图4-228 圆推拉后效果

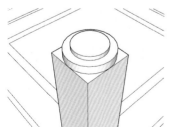

图4-229 柱子效果

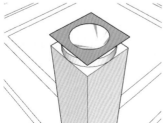

图4-230 柱头矩形

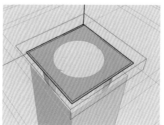

图4-231 向外偏移6mm

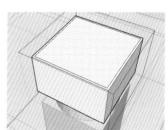

图4-232 推拉后效果

233）。

21．激活"推拉"工具，向上推拉6mm，删除多余的线条，退出组件（图4-234）。

22．选择整个柱子，创建组件，激活"移动"工具，按Ctrl键，移动复制至地面辅助线位置，并删除辅助线（图4-235）。

23．再次复制柱子，距离为1850mm（图4-236）。

24．制作休闲长凳。激活"矩形"工具，绘制1390mm×370mm矩形，并"创建组件"，对齐立柱边中心（图4-237）。

25．双击进入组件编辑状态，激活"推拉"工具，推拉距离430mm（图4-238）。

26．激活"矩形"工具，在侧面立柱位置绘制40mm×460mm矩形（图4-239）。

27．双击矩形，"创建群组"，双击进入群组编辑状态，激活"推拉"工具，推拉40mm（图4-240）。

28．激活"移动"工具，按Ctrl键，移动复制至长凳另一端，并输入"/24"，移动复制24个，退出组建编辑状态（图4-241）。

29．激活"移动"工具，按Ctrl键，移动复制凳子至其他位置（图4-242）。

30．激活"矩形"工具，绘制1000mm×370mm矩形，将其创建组件（图4-243）。

31．激活"移动"工具，捕捉中点对齐（图4-244）。

32．双击进入组件编辑状态，激活"推拉"工具，推拉高度为475mm（图4-245）。

33．退出组件，激活"移动"工具，按Ctrl键复制一份至对面中间位置（图4-246）。

34．廊顶绘制。激活"矩形"工具，绘制矩形140mm×140mm，将其创建群组，并激活"移动"工具，移动对齐中点（图4-247）。

35．双击进入群组编辑状态，激活"推拉"工具，推拉至另一端立柱位置，推拉长度4908mm（图4-248）。

36．激活"移动"工具，按Ctrl键向下复制一份，距离

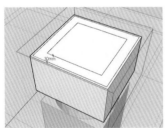
图4-233　向内偏移

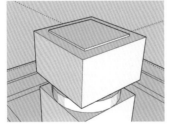
图4-234　柱头完成

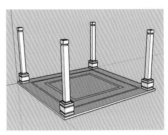
图4-235　复制柱子

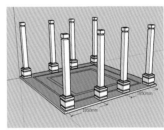
图4-236　复制柱子

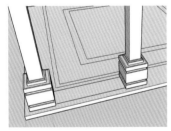
图4-237　创建凳子

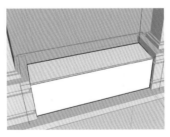
图4-238　推拉430mm

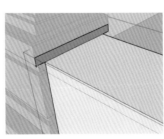
图4-239　绘制矩形

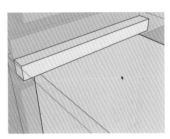
图4-240　推拉完成效果

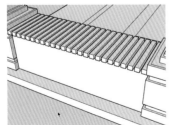
图4-241　凳子完成效果

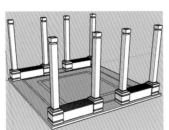
图4-242　移动复制效果

图4-243　矩形效果

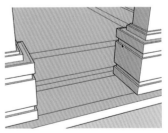
图4-244　移动对齐

410mm（图4-249）。

37.双击进入群组编辑状态，激活"推拉"工具，前后向内推拉50mm，向下推拉60mm（图4-250）。

38.选择上下两根梁，激活"旋转"工具，捕捉地面中心作为旋转中心（图4-251）。

39.按Ctrl键旋转复制，数值输入"X3"，复制3份，旋转复制后效果（图4-252）。

40.激活"卷尺"工具，添加辅助线，距离柱子145mm，左右各添加一条（图4-253）。

41.激活"矩形"工具，绘制70mm×70mm矩形，并将其"创建组件"（图4-254）。

42.双击进入组件，激活"推拉"工具，推拉至另一端梁体位置，推拉距离5020mm（图4-255）。

43.激活"移动"工具，按Ctrl键，移动复制至另一条辅助线位置，并输入数值"/12"，复制12份（图4-256）。

44.选择顶部所有栅格条，激活"旋转"工具，捕捉

地面中心作为旋转中心，按Ctrl键旋转90°，复制1份（图4-257）。

45.激活"移动"工具，锁定Z轴，将复制后的栅格条向下移动70mm（图4-258）。

46.激活"卷尺"工具，在中间长凳位置添加两条辅助线，距离柱子75mm（图4-259）。

47.激活"矩形"工具，绘制30mm×30mm矩形，并将其"创建组件"（图4-260）。

48.激活"移动"工具，移动矩形，对齐柱子中点（图4-261）。

49.双击进入组件编辑状态，激活"推拉"工具，推拉至第二条梁位置，推拉高度为2115mm（图4-262）。

50.激活"移动"工具，移动复制至另一端辅助线位置，输入数值"/9"，复制9份（图4-263）。

51.激活"移动"工具，将其复制一组至对面相同位置，完成后效果（图4-264）。

52.选择长廊中间镂空隔墙创建组件，并通过"移

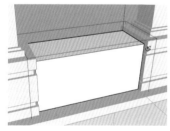
图4-245　推拉475mm

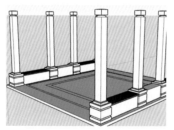
图4-246　复制后效果

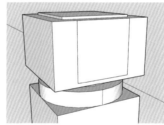
图4-247　绘制矩形

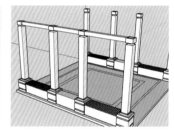
图4-248　推拉

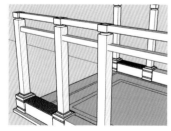
图4-249　向下复制一份

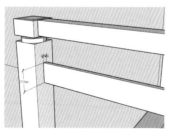
图4-250　推拉后效果

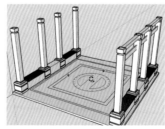
图4-251　捕捉旋转中心

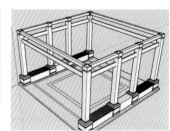
图4-252　旋转复制后效果

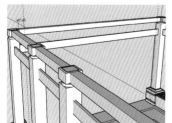
图4-253　添加辅助线

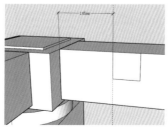
图4-254　绘制矩形

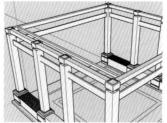
图4-255　推拉后效果

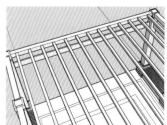
图4-256　复制后效果

动""旋转"和"移动"工具复制至长廊末端位置，选择第一段长廊所有模型，将其"创建组件"，第一段长廊完成（图4-265）。

53.第二段长廊绘制。激活"矩形"工具，绘制9000mm×3200mm矩形（图4-266）。

54.激活"矩形"工具，绘制3800mm×3200mm矩形，形成L形长廊（图4-267）。

55.激活"推拉"工具，推拉高度90mm（图4-268）。

56.激活"移动"工具，将其对齐至第一段长廊中心位置（图4-269）。

57.激活"卷尺"工具，添加辅助线，距离第一段长廊1700mm（图4-270）。相同方法在L形长廊末端位置添加一条辅助线，距离与第一段相同。

58.激活"卷尺"工具，再次添加辅助线，距离周边均为90mm（图4-271）。

59.双击进入第一段长廊模型群组编辑状态，选择立柱

模型，按Ctrl+c进行复制，退出群组后按Ctrl+v进行粘贴（图4-272）。

60.激活"移动"工具移动至准确位置，并复制立柱（图4-273）。

61.删除辅助线和多余的直线（图4-274）。

62.激活"矩形"工具，在柱子位置绘制矩形，并往里偏移46mm（图4-275）。

63.利用"直线""卷尺"工具，在长廊地面两边绘制直线，往里偏移400mm和46mm（图4-276），三击全选地面长廊模型，创建群组。

64.按照34、35操作步骤绘制廊梁（图4-277）。

65.绘制长凳和镂空隔墙。激活"矩形"工具，绘制7300mm×370mm矩形，创建组件，激活"移动"工具，对齐柱子中点，双击进入组件编辑状态，激活"推拉"工具，推拉高度430mm（图4-278）。

66.双击进入第一段长廊组件，复制凳子木条，退出组

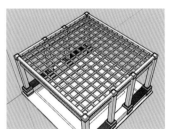

图4-257　旋转复制后效果

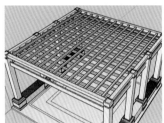

图4-258　向下移动

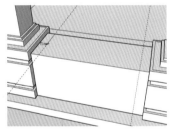

图4-259　添加辅助线

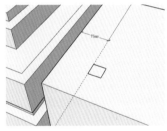

图4-260　绘制矩形

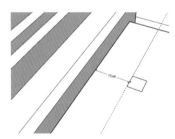

图4-261　对齐中点

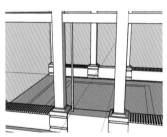

图4-262　推拉后效果

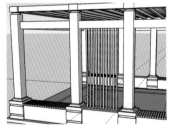

图4-263　移动复制9份

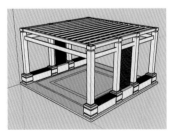

图4-264　完成后效果

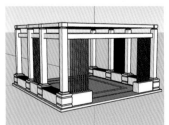

图4-265　第一段长廊完成后效果

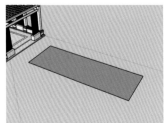

图4-266　绘制矩形

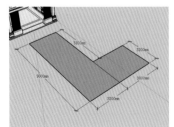

图4-267　绘制矩形

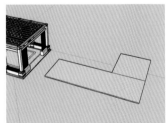

图4-268　推拉后效果

件后粘贴，并按中点对齐（图4-279）。

67.按第一段长廊凳子制作方法移动复制69份，数值输入"/69"（图4-280）。

68.激活"矩形"工具，绘制1700mm×370mm矩形，并将其"创建群组"，用"移动"工具使其中点对齐至柱子中点，双击进入群组编辑状态，激活"推拉"工具，推拉470mm（图4-281）。

69.激活"卷尺"工具，添加辅助线距离柱子75mm（图4-282）。

70.激活"矩形"工具，绘制45mm×90mm矩形，并"创建群组"，激活"移动"工具中点对齐，双击进入群组编辑状态，激活"移动"工具，推拉至廊梁位置，推拉高度2590mm（图4-283）。

71.激活"移动"工具，按Ctrl键移动复制至另一端辅助线位置，数值输入"/8"，复制8份（图4-284）。

72.激活"矩形"工具，绘制143mm×760mm矩形，并

"创建组件"，双击进入组件编辑状态，激活"推拉"工具，推拉厚度90mm（图4-285）。

73.激活"移动"工具，按Ctrl键复制几份，位置可以比较自由，自己设计，将其"创建群组"（图4-286）。

74.按70～73操作步骤，绘制长廊另一端镂空廊墙效果，将其"创建群组"（图4-287）。

75.利用"移动""旋转"工具，将镂空廊墙复制至其他廊墙位置（图4-288）。

76.长廊长凳制作方法参照65～67操作步骤（图4-289）。

77.廊顶制作。激活"卷尺"工具，添加辅助线，距离梁75mm。激活"矩形"工具，绘制70mm×70mm矩形（图4-290）。

78.将其"创建组件"，双击进入组件编辑状态，激活"推拉"工具，推拉至另一端廊梁位置（图4-291）。

79.激活"移动"工具，按Ctrl键将其复制至另一端辅

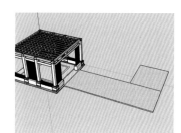
图4-269 移动对齐

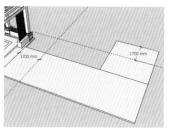
图4-270 添加辅助线

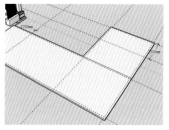
图4-271 添加辅助线

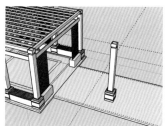
图4-272 复制柱子

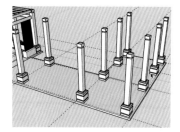
图4-273 第二段长廊柱子效果

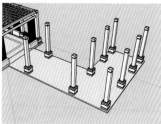
图4-274 删除辅助线

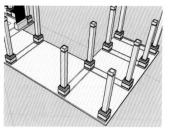
图4-275 绘制矩形和偏移

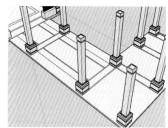
图4-276 添加地面两边效果

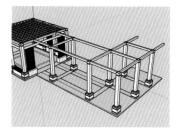
图4-277 廊梁效果

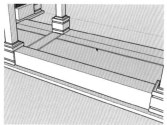
图4-278 凳子底部效果

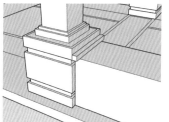
图4-279 复制凳子木条

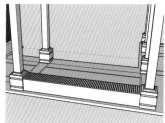
图4-280 复制完成效果

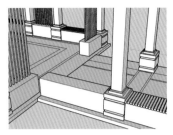

图4-281 镂空墙面隔断底部

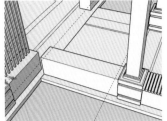

图4-282 添加辅助线

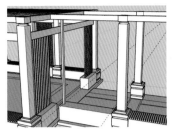

图4-283 推拉后效果

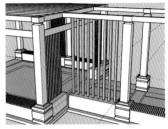

图4-284 复制后效果

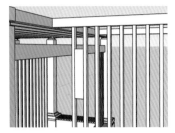

图4-285 装饰玻璃砖效果

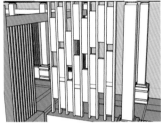

图4-286 玻璃砖复制效果

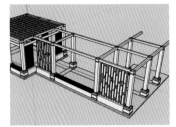

图4-287 绘制后效果

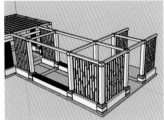

图4-288 廊墙复制后效果

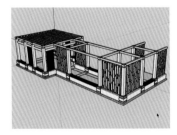

图4-289 座位绘制后效果

图4-290 绘制矩形

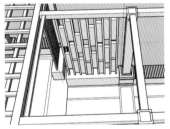

图4-291 推拉后效果

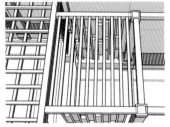

图4-292 复制后效果

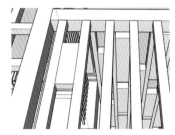

图4-293 推拉后效果

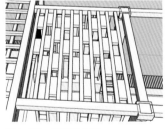

图4-294 复制后效果

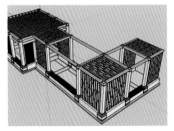

图4-295 绘制后效果

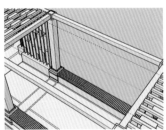

图4-296 添加辅助线

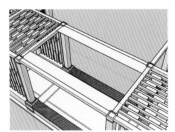

图4-297 添加直线

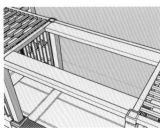

图4-298 推拉140mm

图4-299 完成后模型效果

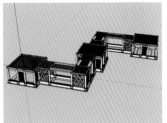

图4-300 长廊模型效果

助线位置，输入数值"/9"，复制9份（图4-292）。

80.激活"矩形"工具，绘制138mm×380mm矩形，将其"创建组件"，双击进入组件编辑状态，激活"推拉"工具，推拉厚度为70mm（图4-293）。

81.激活"移动"工具，按Ctrl键移动复制一些玻璃砖，复制后的位置可以随意放置，完成后将其"创建组件"（图4-294）。

82.用相同方法制作其他廊顶效果（图4-295）。

83.激活"卷尺"工具，添加两条辅助线，距离廊梁450mm（图4-296）。

84.激活"直线"工具，根据廊顶结构和辅助线添加直线（图4-297）。

85.激活"推拉"工具，向下推拉140mm（图4-298）。

86.用相同方法制作其他顶部效果（图4-299）。

87.长廊再次进行复制组合，如图4-300所示效果。

88.场景动画制作。使用"漫游观察"工具🖐️，调整长廊在视图中的位置（图4-301）。

89.打开"场景管理器"单击"添加场景"按钮 ⊕，添加了一个"场景1"的场景（图4-302）。

90.使用"漫游观察"工具调整长廊在视图中的位置，在场景选项卡标签上单击鼠标右键，在弹出的快捷菜单中选择"添加"，添加了一个"场景2"的场景（图4-303）。

91.用相同方法添加 "场景3""场景4"（图4-304、图4-305）。

92.在"视图"下拉式菜单"动画"中选择"设置"，在打开的动画设置对话框中，勾选"开启场景过度"并将其设置至3s，"场景暂停"设置为0s（图4-306）。

93.在动画选项卡上单击鼠标右键，在弹出的对话框中选择"播放动画"，此时画面将会根据动画设置进行播放。

94.动画导出。在"文件"下拉菜单中选择"导出"—"动画"—"视频"，在弹出的"输出动画"对话框中，修改输出路径、输出文件名，点击"保存类型"修改视频

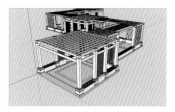
图4-301 调整视图显示位置

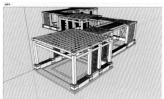
图4-302 场景1

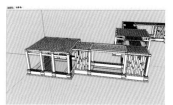
图4-303 场景2

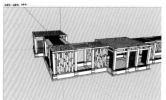
图4-304 场景3

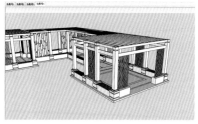
图4-305 场景4

图4-306 场景动画设置

图4-307 输出动画

图4-308 设置动画导出选项

图4-309 正在输出动画

输出格式，点击"选项"设置文件输出"分辨率""图像大小""帧速率"等参数，最后点击"导出"，动画视频文件将会保存在你所设置的目录路径下（图4-307~图4-309）。

第六节　截面工具

利用"截面"工具栏 ⇒ 🔲 ◆ 能创建剖面切割效果，可以让您查看模型内部的几何图形，并能将此几何图形导出至ＣＡＤ软件。"截面"工具包含"剖切面""显示剖切面""显示剖面切割""显示剖面填充"。"截面"工具栏可以单击"视图"下拉菜单中的"工具栏"命令，在打开的"工具栏"对话框中勾选"截面"，可以通过鼠标右键"大工具栏"或"主工具栏"在打开的菜单中勾选"截面"。

一、创建截面

1.激活"剖切面"工具 ⇒ ，将光标移至沙发侧面，光标呈红色显示（图4-310）。

2.单击鼠标左键，光标呈橙色显示，并产生截面（图4-311）。

3.选择剖切符号，则剖切符号呈蓝色（图4-312）。

4.用移动工具 ✛ 移动剖切符号，可改变剖切位置（图4-313）。

5.单击"显示剖切面" 🔲 ，关闭剖切符号（图4-314）。

6.单击"显示剖面填充" ◆ ，打开剖面填充显示效果，填充色为黑色（图4-315）。

7.单击"显示剖面切割" ◆ ，关闭剖面切割效果（图4-316）。

二、移动和旋转截面

我们可以利用"移动""旋转"工具对剖切符号进行移动和旋转，即可获得截面的移动和旋转效果（图4-317～图4-319）。

三、右击菜单

完成截面创建后，在剖切符号上单击鼠标右键，弹出快捷菜单（图4-320）。

1.删除和隐藏截面

（1）在右键菜单中选择"删除"，将删除剖切符号，同时删除剖切效果。

（2）在右键菜单中选择"隐藏"，将隐藏剖切符号，剖切效果不变。可以通过"编辑"菜单下的"取消隐藏"命令中的"全部"重新显示剖切符号。

2.翻转截面

在单击右键菜单中选择"翻转"将改变截面的剖切方向（图4-321、图4-322）。

3.显示剖切

在右键菜单中勾选"显示剖切"将显示剖切效果。取

图4-310　激活剖切面

图4-311　完成剖切

图4-312　选择剖切面

图4-313　改变剖切面位置

图4-314　关闭剖切符号

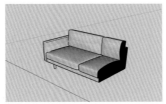

图4-315　显示填充效果

图4-316　关闭剖切效果

图4-317　当前截面

消勾选则保留剖切符号，剖切效果消失。再次勾选"显示剖切"可以恢复截面效果（图4-323、图4-324）。

4．对齐视图

在右键菜单中勾选"对齐视图"将截面对齐到当前视图显示（图4-325、图4-326）。

5．从剖面创建组

在右键菜单中勾选"从剖面创建组"命令，将产生独立截面线条效果（图4-327、图4-328）。

6．导出剖面

在SketchUp中只要场景中有截面存在，即可将被剖切的物体导出为二维对象，将剖面导出为dwg文件。

"文件"下拉菜单中单击"导出"菜单中的"截面"命令，按dwg文件格式保存即可。

四、实例——截面动画

通过本实例介绍"截面"工具在生长动画中的应用。

1．打开"长廊-生长动画.jpg"文件（图4-329），激活"剖切面"工具 ⬚[，在场景中单击鼠标左键，设置第一个剖切面（图4-330）。

2．选择剖面符号，激活"移动"工具，按Ctrl键锁定蓝轴向上复制至长廊顶部，距离值输入"/3"，复制3份（图4-331）。

3．选择第一剖切符号，单击鼠标右键选择"显示剖切"（图4-332、图4-333）。

4．单击"显示剖切面"工具 🖼，关闭剖切面的显示（图4-334）。

5．打开"场景管理器"，单击"添加场景"工具 ⊕，添加"场景1"场景（图4-335）。

6．单击"显示剖切面"工具 🖼，显示剖切面符号，选择第二个剖切符号；单击鼠标右键，选择"显示剖切"（图4-336）。

7．单击"显示剖切面"工具 🖼，关闭剖切面的显示，打开"场景管理器"；单击"添加场景"工具 ⊕，添加"场景2"场景（图4-337）。

8．单击"显示剖切面"工具 🖼，显示剖切面符号，选择第三个剖切符号；单击鼠标右键，选择"显示剖切"，单击"显示剖切面"工具 🖼，关闭剖切面的显示，打开"场景管理器"；单击"添加场景"工具 ⊕，添加"场景3"（图4-338）。

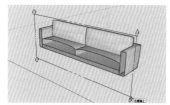
图4-318 移动截面

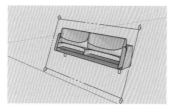
图4-319 旋转截面

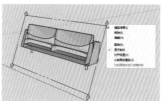
图4-320 右击菜单

图4-321 当前截面

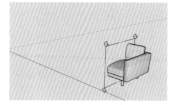
图4-322 翻转截面

图4-323 显示剖切

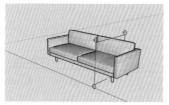
图4-324 取消剖切

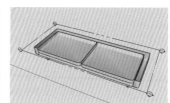
图4-325 当前截面

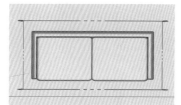
图4-326 截面对齐视图

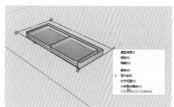
图4-327 选择从剖面创建组

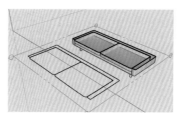
图4-328 移动截面线

图4-329 长廊效果图

9.单击"显示剖切面"工具 🔲，显示剖切面符号，选择第四个剖切符号，单击鼠标右键，选择"显示剖切"；单击"显示剖切面"工具 🔲，关闭剖切面的显示，打开"场景管理器"；单击"添加场景"工具 ⊕，添加"场景4"（图4-339）。

10.在"视图"下拉菜单"动画"中选择"设置"，勾选"开启场景过度"，时间为3s，"场景暂停"0s（图4-340）。

11.在场景选项卡上单击鼠标右键，在出现的右键菜单中选择"播放动画"，长廊生长动画制作完成，通过"文件"下拉菜单"导出"中的"动画"选择"视频"，根据提示选择视频文件格式及视频精度等选项，按"导出"输出视频文件。

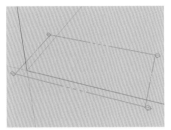

图4-330　第一个剖面

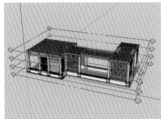

图4-331　复制剖面

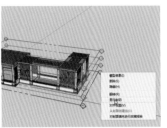

图4-332　显示第一个剖切设置

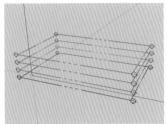

图4-333　显示第一个剖切效果

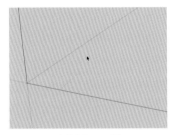

图4-334　隐藏剖切面后效果

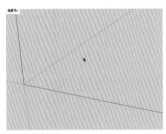

图4-335　添加场景1

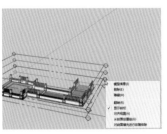

图4-336　显示第二个剖切面

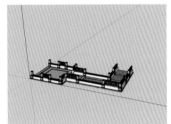

图4-337　显示第二个剖切面

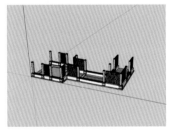

图4-338　显示第三个剖切面

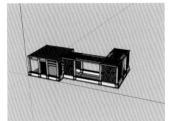

图4-339　显示第四个剖切面

图4-340　动画设置

第七节　光影设置

物体在光的照射下都会产生光影效果，通过光影效果可以使模型更具立体感，在SketchUp中能实时模拟太阳的日照效果。

通过"视图"下拉菜单中的"工具栏"命令，打开工具栏对话框，勾选"阴影"即可打开阴影工具栏，也可以在"大工具栏"或"主工具栏"上单击鼠标右键，在弹出的快捷菜单中勾选"阴影"（图4-341）。

在"窗口"下拉菜单中选择"默认面板"命令，勾选"阴影"即可打开阴影管理面板（图4-342）。

一、设置阴影

我们可以通过"阴影"工具栏对时区、日期、时间等参数进行十分细致地调整，从而模拟太阳光照效果。

1.单击"显示/隐藏阴影"按钮，可以打开或关闭阴影显示效果，通过阴影设置面板中的ＵＴＣ调整时区，ＵＴＣ是协调世界时的英文缩写，通用协调时间通常被翻译成"世界统一时间"或"世界标准时间"，中国统一使用北京时间（东八区），一般选用ＵＣＴ+08：00（图4-343）。

2.通过"日期""时间"滑块更改阴影状况，不同的日期，不同的时间所产生的阴影效果也各不相同（图4-344）。

3."亮"设置滑块用于控制光照的强度，"暗"设置滑块用于控制环境光的强度。

4."使用太阳参数区分明暗面"勾选后，在不显示阴影的情况向下仍可按场景物体表面的明暗关系显示光照效果（图4-345、图4-346）。

5.勾选"在平面上"表示物体的投影在平面上显示。

6.勾选"在地面上"表示物体的投影在地面上显示。

7.勾选"起始边线"表示单独的边线可产生投影。

小技巧：当物体在红绿轴平面下的情况以及半透明物体投影的问题（不透明度≥70显示投影）。

二、物体的投影与接收影

在光线照射下物体会产生投影效果，如果要取消一些不必要的投影效果，而使图像更加美好，则需要通过对物体的投影进一步设置。

1.在"阴影"工具栏中单击"显示阴影"按钮，打开阴影投射（图4-347）。

2.在台阶模型上单击鼠标右键，在弹出的快捷菜单中选择"模型信息"（图4-348），打开模型信息面板，"接收阴影"和"投射阴影"按钮都处于激活状态（图4-349）。

3.取消激活"接收阴影"按钮，则不会在台阶模型上投下阴影，即人物在台阶上的阴影消失。

4.如果同时取消激活台阶模型的"投射阴影"和"接收阴影"按钮，则台阶的投射阴影效果也会消失（图4-350）。

三、雾化效果

雾化效果用于模拟场景的雾气环境效果，一般用于场景的远景效果，使场景画面更加丰富。

在"窗口"下拉菜单中选择"默认面板"选项，勾选"雾化"，打开雾化设置面板，勾选"显示雾化"，调整距离滑块，左边的滑块调整雾化效果距离视点的远近，右边的滑块调整雾化效果的浓度（图4-351）。

四、实例——阴影动画

通过对阴影工具栏中的日期和时间滑块的调整完成阴影动画。

1.打开"长廊-阴影.jpg"，打开"阴影管理器"单击"显示/隐藏阴影"工具，将日期设置成"3月15日"，时间设置为"8：15上午"（图4-352）。在"场景管理器"中单击"场景添加"工具，添加"场景1"（图

图4-341　阴影工具栏

图4-342　阴影管理面板

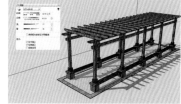

图4-343　时区设置

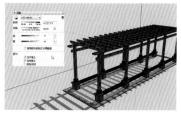

图4-344　调整日期、时间

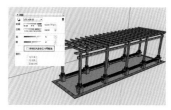

图4-345　不勾选

图4-346　勾选

图4-347　阴影投射效果

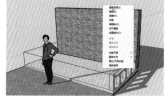

图4-348　选择模型信息

4-353)。

2.在"阴影管理器"中，将时间设置成"3月15日"，时间设置成"11：15上午"（图4-354）。在"场景管理器"中单击"场景添加"工具 ⊕，添加"场景2"（图4-355）。

3.在"阴影管理器"中，将时间设置成"3月15日"，时间设置成"02：45下午"（图4-356）。在"场景管理器"中单击"场景添加"工具 ⊕，添加"场景3"（图4-357）。

4.在"阴影管理器"中，将时间设置成"3月15日"，

时间设置成"04：45下午"（图4-358）。在"场景管理器"中单击"场景添加"工具 ⊕，添加"场景4"（图4-359）。

5.在"视图"下拉菜单"动画"中选择"设置"，设置动画"场景过度3s""场景暂停0s"，关闭设置对话框，在场景选项卡标签上单击鼠标右键，在弹出的快捷菜单中选择"播放动画"，阴影动画制作完成。

6.通过"文件"下拉菜单"导出"中的"动画"选择"视频"，根据提示选择视频文件格式及视频精度等选项，按"导出"输出视频文件。

图4-349 模型信息面板

图4-350 接收与投射设置

图4-351 雾化设置

图4-352 场景1时间设置

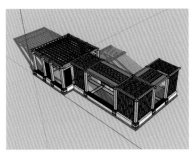
图4-353 场景1

图4-354 场景2时间设置

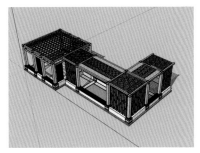
图4-355 场景2

图4-356 场景3阴影设置

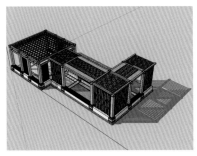
图4-357 场景3阴影效果

图4-358 场景4阴影设置

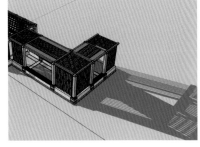
图4-359 场景4阴影效果

第八节 材质与贴图

SketchUp自带强大的材质库，可以应用于模型的边、面、文字、剖面、群组和组件中，并实时显示材质效果，

所见即所得。在模型对象赋予材质后可以方便地进行编辑、修改材质名称、颜色、更换纹理、调整纹理大小、透

明度等特性。

一、材质的赋予与编辑

1.在"窗口"下拉菜单中选择默认面板命令，勾选"材料"面板，打开的"材料"面板，在自带的材质库菜单中选择材质类型（图4-360）。在材质库中选择材质（图4-361）。

2.完成材质选择后光标自动变成油漆桶 状态，或激活材质工具 后选择材质，在场景中单击模型对象，赋予材质（图4-362）。

3.打开"编辑"面板，修改材质名称、颜色、纹理、透明度。纹理的重新调入可以通过点击"浏览材质图像文件"按钮 ，打开搜索新的图像文件，通过调整图像的长度和宽度调整图像大小（图4-363）。

小技巧：①缩略图右下角带小三角形的表示场景模型正在使用的材质；缩略图右下角没有小三角形的表示当前模型场景中曾使用过，后来又被替换掉的材质。

二、创建材质

在材质编辑器中单击"创建材质"按钮 ，即可打开"创建材质面板"（图4-364）。

1.材质名称：为新建材质起一个名称，突出材质特性如"花梨木""羊皮"等。

2.材质预览：通过材质预览可同步看到材质创建效果，含材质的颜色、纹理、透明度等。

3.颜色区域：可以通过"拾色器"下拉菜单选择材质

"颜色模式"，用以调整材质颜色，或通过"还原颜色"按钮重置颜色。

4.纹理区域：通过勾选"使用纹理图像"或点击"浏览材质图像文件"按钮 ，即可打开"选择图像"对话框选择贴图图像。插入后的图像会显示默认的贴图尺寸大小，用户可以调整长度和宽度重新调整贴图尺寸大小。

5.不透明区域：材质的透明度可以通过滑块或直接输入不透明度数值进行调整，值越小，材质越透明。

三、贴图的编辑

在SketchUp中无论模型表面是水平、垂直或倾斜的，贴图在其平面上均以平铺形式呈现。

1.光标移至模型表面，单击鼠标右键，在弹出的快捷菜单中选择"纹理"选项，单击"位置"命令进入贴图编辑状态，屏幕显示半透明贴图图像及四个图钉（图4-365、图4-366）。

2.在默认状态下点击鼠标左键拖动，光标呈抓手图标 ，此时可以移动贴图纹理位置。将光标移至四个图钉上，即可显示图钉的作用。移动贴图位置，调整纹理比例（图4-367、图4-368）。

3.进入贴图编辑状态，单击鼠标右键弹出快捷菜单，单击"固定图钉"命令，取消固定图钉模式，进入自由图钉模式，四个图钉均呈黄色，将鼠标移至图钉，提示其功能，可以拖动图钉自由调整贴图形态（图4-369、图4-370）。

小技巧：①群组或组件对象可以统一赋予材质，进入组后可继续对个别面单独赋予不同材质；②按Alt键，会

图4-360　自带材料库

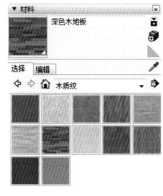

图4-361　材料面板

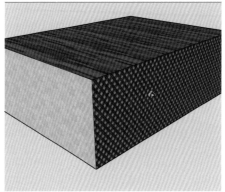

图4-362　赋予材质

图4-363　材质编辑

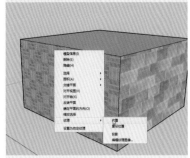

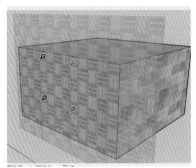

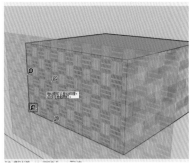

图4-364　创建材质　图4-365　位置选项
面板

图4-366　贴图编辑

图4-367　移动贴图位置

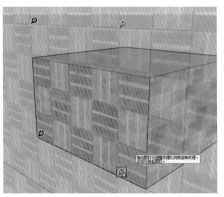

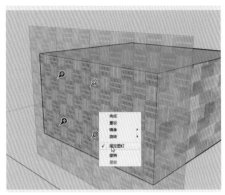

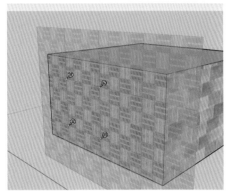

图4-368　调整纹理比例

图4-369　贴图编辑模式转换

图4-370　自由图钉模式

变成吸管，吸取当前模型场景材质；③按Ctrl键，与所选面相连并材质相同的所有面，都会被赋予当前指定材质；④按Shift键，用当前指定材质替换所有与所选面具有相同材质的面；⑤材质缩略图上单击鼠标右键，选择"另存为"，保存场景材质，材质存放在SketchUp安装目录"materials"文件夹下。

四、实例——为长廊模型添加材质

通过长廊模型材质的添加掌握材质与贴图的应用技巧。

1.打开"长廊.skp"模型素材。

2.打开"材质管理器"，点击"创建材质"按钮⑤，打开编辑选项卡，勾选"使用纹理图像"，选择"金线米黄.jpg"图像，并将砖的大小调整至477mm×660mm（图4-371、图4-372）。

3.打开"材质管理器"，在材质库中选择"砖、覆层和壁纸"类材质，选择"灰色混凝土砖"，赋予场

景材质。选择"编辑"选项卡，将其图像大小调整至800mm×800mm（图4-373、图4-374）。

4.打开"材质管理器"，在材质库中选择"石头"类材质，选择"正切灰色石块"，赋予场景材质。选择"编辑"选项卡，将其图像大小调整至600mm×600mm（图4-375、图4-376）。

5.在材质库中选择"石头"类材质，选择"卡其色拉绒石材"，赋予场景材质。选择"编辑"选项卡，将其RGB值调整至（230,205,160）（图4-377、图4-378）。

6.在材质库中选择"颜色"类材质，选择"E01色"，赋予场景长凳材质（图4-379、图4-380）。

7.在材质库中选择"颜色"类材质，选择"E08色"，赋予场景廊梁材质，将其RGB值调整至（160,150,130）（图4-381、图4-382）。

8.在材质库中选择"金属"类材质，选择"粗糙金属"，赋予场景廊墙金属材质，将其RGB值调整至（100,100,100），图像大小调整至100mm×100mm（图4-383、图4-384）。

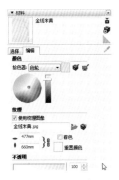
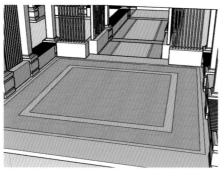

图4-371　金线米黄　图4-372　贴图后效果

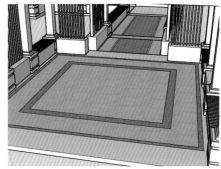

图4-373　灰色混凝土砖　图4-374　贴图后效果

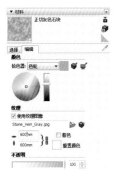

图4-375　正切灰色石块　图4-376　贴图后效果

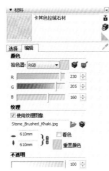

图4-377　卡其色拉绒石材　图4-378　贴图后效果

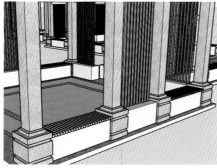

图4-379　E01色　图4-380　赋予材质后效果

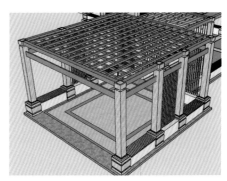

图4-381　E08色　图4-382　赋予材质后效果

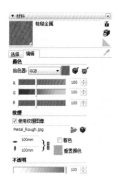
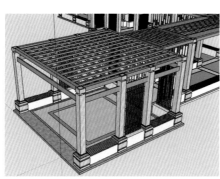

图4-383　粗糙金属　图4-384　赋予材质后效果

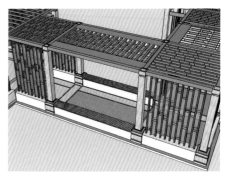

图4-385　染色半透明
玻璃　图4-386　染色半透明玻璃

9.在材质库中选择"玻璃和镜子"类材质，选择"染色半透明玻璃"，赋予场景玻璃砖材质，将其RGB值调整至（123,173,173）（图4-385、图4-386）。

10.长凳材质。在材质库中选择"颜色"类材质，选择"C08色"，赋予场景长凳材质，将其RGB值调整至（88,62,45），效果完成（图4-387、图4-388）。

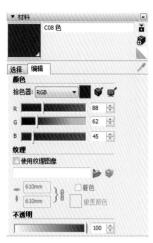

图4-387　C08色

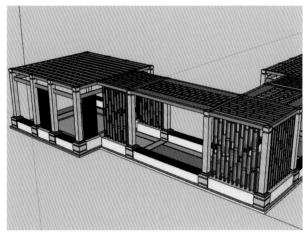

图4-388　赋予材质后效果

「_ 第五章　常用SketchUp工具综合练习」

第五章　常用SketchUp工具综合练习

本章通过一些基本模型的创建，加深对SketchUp各种 工具操作技能的理解，达到熟练掌握各类模型的绘制技巧。

第一节　根据CAD图纸绘制沙发模型

本案例运用CAD沙发图纸绘制沙发三维模型。

一、导入CAD文件

1.在CAD软件中打开沙发CAD文件（图5-1），删除尺寸标注，将所有图元移动至"0"图层，激活"清理"命令，快捷键"PU"，在弹出的"清理"对话框中点击"全部清理"，将清理后的文件保存（图5-2）。

2.打开SketchUp，设置场景单位与精确度。

3.在"文件"下拉菜单中点击"导入"，在打开的"导入"对话框中，选择文件类型为"AutoCAD文件（*.dwg、*.dxf）"，单击"选项"打开"导入AutoCAD DWG/DXF选项"对话框，将单位选择"毫米"，选择整理后的沙发CAD图纸，点击"导入"（图5-3）。

4.导入CAD文件（图5-4）。

5.导入后的图纸会自动成组，选择图纸后单击鼠标右键，在弹出的对话框中选择"炸开模型"（图5-5）。

6.分别选择沙发正视图和左视图"创建群组"。激活"旋转"工具，将模型旋转90°，并用"移动"工具对齐（图5-6）。

二、绘制沙发模型

1.双击进入沙发左视图线框群组，激活"直线"工具，添加直线，使其生成面域（图5-7）。

2.激活"推拉"工具，按Ctrl键推拉捕捉沙发正视图至沙发宽度位置，距离530mm（图5-8）。

3.隐藏推拉后的模型，双击沙发前视图线框，进入群组编辑状态，激活"直线"工具，在沙发扶手位置添加直线使其成为面域（图5-9）。

4.退出群组，在"编辑"下拉式菜单"取消隐藏"中选择"全部"。激活"移动"工具，将其移动至沙发扶手位置（图5-10）。

5.双击进入沙发前视图群组编辑状态，激活"推拉"工具，推拉距离480mm（图5-11）。

6.双击选择移动面，激活"移动"工具，按Ctrl键移动复制距离45mm（图5-12）。

7.清除不需要的面和线，激活"推拉"工具，推拉距离390mm（图5-13）。

8.沙发腿的绘制。双击进入沙发扶手群组，调整视图显示角度至沙发底部，激活"直线工具"，添加直线使其

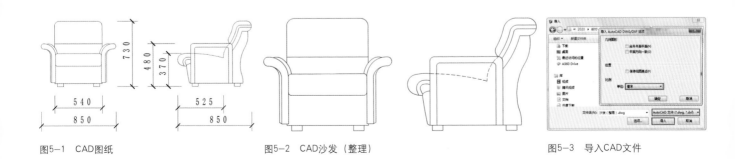

图5-1　CAD图纸　　　　图5-2　CAD沙发（整理）　　　　图5-3　导入CAD文件

成面域（图5-14）。

9.激活"移动"工具，按Ctrl键移动复制距离20mm，删除原面域（图5-15）。

10.激活"推拉"工具，推拉距离70mm，并将其移动复制一组（图5-16）。

11.整理模型。激活"橡皮擦"工具，按Ctrl键进行柔化处理，并删除一些多余的线条，模型效果完成（图5-17）。

三、添加材质

1.选择沙发模型，激活"材质"工具，打开"材质管理器"，选择"地毯、织物、皮革、纺织品和墙纸"类型，选择"棕红色皮革"，将其RGB颜色调整成（100,50,30），大小调整成50mm×50mm（图5-18）。

2.选择沙发腿，在"材质管理器"中选择"木质纹"类别，选择"原色樱桃木"材质，赋予沙发腿，效果完成（图5-19）。

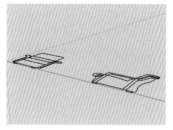
图5-4 导入CAD文件后效果

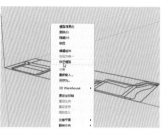
图5-5 CAD导入后效果

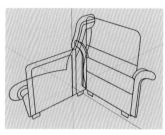
图5-6 旋转对齐

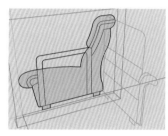
图5-7 生成面域

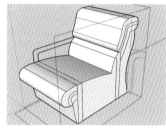
图5-8 推拉后效果

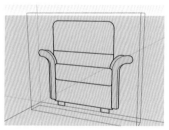
图5-9 生成面域后效果

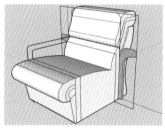
图5-10 移动捕捉

图5-11 推拉后效果

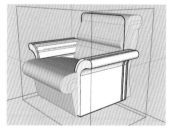
图5-12 移动复制

图5-13 推拉后效果

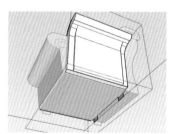
图5-14 添加直线成面域

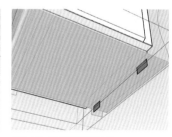
图5-15 移动面域后效果

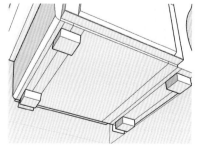
图5-16 沙发腿效果

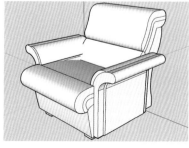
图5-17 完成后的模型效果

图5-18 棕红色皮革

图5-19 完成的沙发效果图

第二节　绘制酒柜模型

通过绘制酒柜模型，熟练掌握SketchUp基本操作工具的综合运用。

创建酒柜模型

1.打开SketchUp，设置场景单位与精确度。

2.激活"直线"工具，从原点开始沿绿轴反方向绘制长度为350mm直线（图5-20）。

3.激活"量角器"工具，捕捉原点为中心点，添加45°角辅助线（图5-21）。

4.激活"直线"工具，在辅助线位置绘制350mm长直线，再沿着红轴方向绘制1600mm直线（图5-22）。

5.清除辅助线，选择所有直线，激活"偏移"工具，向外偏移距离300mm；激活"直线"工具，在两端补直线使其形成面域（图5-23）。

6.激活"推拉"工具，推拉高度60mm（图5-24）。

7.选择柜子三条后边线和左右两边线条，激活"偏移"工具，向内偏移距离20mm（图5-25）。

8.激活"推拉"工具，按Ctrl键向上推拉距离1710mm（图5-26）。

9.选择酒柜底部平面，激活"移动"工具，按Ctrl键移动复制至顶部位置（图5-27）。

10.激活"推拉"工具，按Ctrl键推拉高度50mm（图5-28）。

11.选择酒柜右侧平面，激活"移动"工具，按Ctrl键移动复制距离110mm（图5-29）。

12.将其"创建群组"，双击进入群组编辑状态，激活"推拉"工具，往后推拉20mm（图5-30）。

13.选择群组，激活"移动"工具，按住Shift键锁定绿轴，按Ctrl键往后移动复制（图5-31）。

14.激活"矩形"工具，绘制280mm×20mm矩形（图5-32）。

15.激活"卷尺"工具，添加辅助线，距离矩形边线6mm（图5-33）。

16.激活"橡皮擦"工具，删除多余的线条，将其"创建群组"（图5-34）。

17.双击进入群组编辑状态，激活"推拉"工具，推拉25mm距离（图5-35）。

18.激活"移动"工具，按Ctrl键，向上移动90mm，复制18份，输入数值"X18"（图5-36）。

19.选择所有复制后的酒架横档，将其"创建群组"，激活"移动"工具，按Ctrl键复制一份（图5-37）。

20.激活"缩放"工具，选择右侧缩放中心点往红轴反方向拖动，并输入缩放比例"-1"，模型镜像翻转，激活"移动"工具，对齐至酒架竖档（图5-38、图5-39）。

21.选择酒架模型，激活"移动"工具，按Ctrl键移动

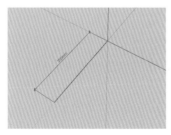

图5-20　350mm直线

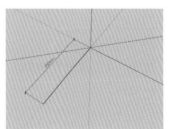

图5-21　45°辅助线

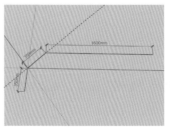

图5-22　添加直线

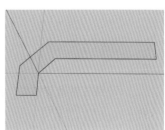

图5-23　形成面域

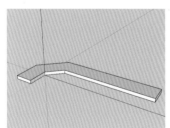

图5-24　推拉后效果

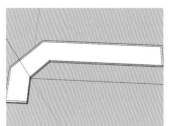

图5-25　偏移20mm

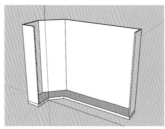

图5-26　推拉后效果

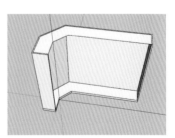

图5-27　移动复制后效果

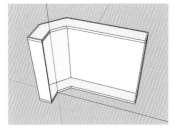

图5-28 推拉后效果

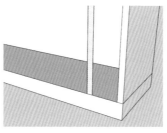

图5-29 移动复制

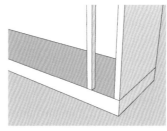

图5-30 推拉后效果

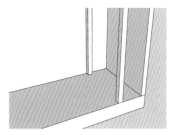

图5-31 复制后效果

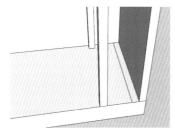

图5-32 绘制矩形

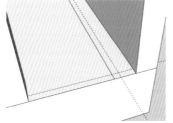

图5-33 添加辅助线

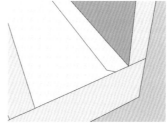

图5-34 创建群组

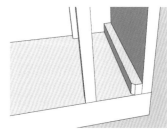

图5-35 推拉后效果

图5-36 复制后效果

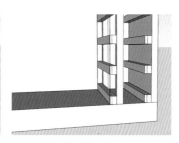

图5-37 复制后效果

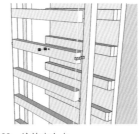

图5-38 缩放中心点

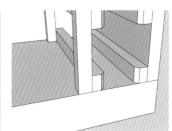

图5-39 移动对齐

110mm，复制2份，输入数值"X2"（图5-40）。

22.选择创建完成的酒架模型，激活"移动"工具，按Ctrl键，复制一组至左边位置（图5-41）。

23.复制酒架竖档。选择前后两条竖档，激活"移动"工具，按Ctrl键复制一组至目标位置（图5-42）。

24.通过"移动""旋转"工具，移动复制（图5-43）。

25.调整左侧酒架模型。激活"矩形"工具，在酒架第六条横档上方绘制矩形，大小为310mm×20mm，往里推拉距离280mm（图5-44）。

26.双击进入酒架模型组件，删除上方酒架横档，激活"推拉"工具，将竖档向下推拉至隔板位置（图5-45）。

27.激活"矩形"工具，在内右侧位置绘制矩形面，激活"推拉"工具，向右推拉距离20mm（图5-46）。

28.激活"矩形"工具，在柜门位置捕捉绘制矩形（图5-47）。

29.激活"直线"工具，捕捉中点绘制直线（图5-48）。

30.激活"偏移"工具，向内偏移38mm（图5-49）。

31.激活"推拉"工具，向外推拉20mm（图5-50）。

32.激活"偏移"工具，向内偏移2mm，向外推拉2mm（图5-51）。

33.选择表面，激活"缩放"工具，按Ctrl键中心缩放，左右缩放比例为0.4，上下缩放比例为0.85（图5-52）。

34.绘制门把手。激活"圆"工具，在XY平面上绘制半径为15mm圆。激活"矩形"工具，绘制15mm×30mm矩形与圆垂直方向（图5-53）。

35.激活"圆弧"工具，在矩形面上绘制圆弧，形成把手截面（图5-54）。

36.清除多余的面和线（图5-55）。

37.选择圆，激活"路径跟随"工具，点击把手截面（图5-56）。

38.清除面，将完成的把手的面反转，并将其"创建组

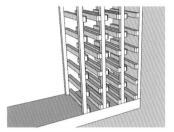
图5-40 复制后效果

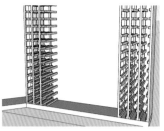
图5-41 复制一组

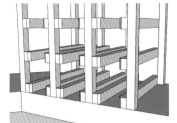
图5-42 复制后效果

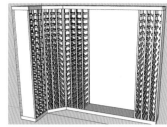
图5-43 移动复制后效果

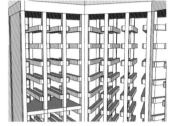
图5-44 绘制矩形

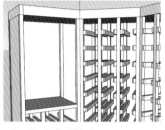
图5-45 调整后模型

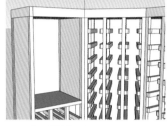
图5-46 推拉矩形

图5-47 绘制矩形

图5-48 绘制直线

图5-49 偏移

图5-50 向外推拉

图5-51 偏移推拉

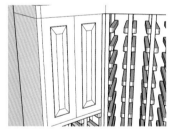
图5-52 柜门效果

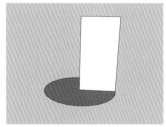
图5-53 绘制圆和矩形

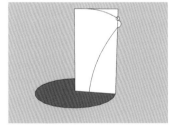
图5-54 绘制圆弧

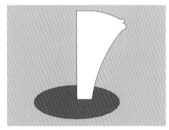
图5-55 清除多余的线和面

件",完成后的把手效果(图5-57)。

39.激活"旋转"工具,将其旋转90°,激活"移动"工具,移动至门把手位置(图5-58)。

40.绘制中间酒架模型。激活"卷尺"工具,添加辅助线,距离分别为260mm和125mm(图5-59)。

41.激活"圆弧"工具,绘制圆弧,弧高138mm(图5-60)。

42.激活"直线"工具,添加直线,形成面域(图5-61)。

43.激活"卷尺"工具,添加辅助线,距离615mm;激活"直线"工具补线添加直线(图5-62)。

44.激活"矩形"工具,绘制矩形,尺寸分别为615mm×20mm、900mm×20mm(图5-63)。

45.双击拱形面域,将其"创建群组",双击进入群组编辑状态,激活"推拉"工具,推拉距离280mm(图5-64)。

46.激活"推拉"工具推拉其他模型面,距离均为280mm(图5-65)。

47.激活"卷尺"工具，添加辅助线，距离385mm（图5-66）。

48.选择酒架模型，激活"移动"工具，按Ctrl键复制一组至辅助线位置（图5-67）。

49.双击进入群组，利用"推拉"修改模型，删除多余的横档（图5-68）。

50.激活"直线"工具，捕捉中点和角点绘制直线；激活"卷尺"工具，添加辅助线距离20mm；再次激活"直线"工具，在辅助线位置添加直线形成面域（图5-69）。

51.将其"创建群组"，双击进入群组，激活"推拉"工具，推拉距离280mm（图5-70）。

52.激活"移动"工具，原位复制1份，并激活"缩放"工具，按Ctrl键中心缩放，缩放比例为-1，形成对称复制（图5-71）。

53.利用"移动""缩放"工具完成移动对称复制操作，效果完成（图5-72）。

54.激活"矩形"工具，如图绘制105mm×3mm矩形，将其"创建群组"（图5-73）。

图5-56 路径跟随效果

图5-57 完成的把手效果

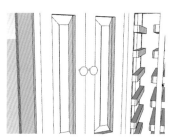
图5-58 门把手完成效果

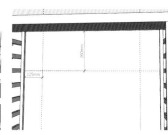
图5-59 添加辅助线

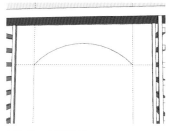
图5-60 圆弧效果

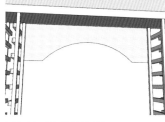
图5-61 形成面域效果

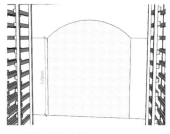
图5-62 添加直线

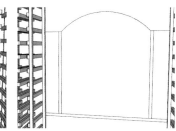
图5-63 绘制矩形

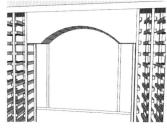
图5-64 推拉后效果

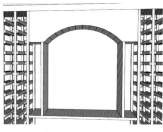
图5-65 推拉后效果

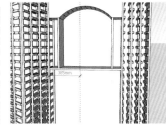
图5-66 添加辅助线

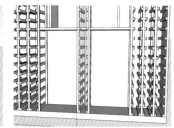
图5-67 复制后效果

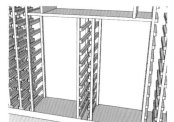
图5-68 修改后效果

图5-69 形成面域

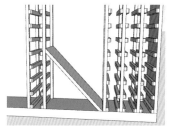
图5-70 推拉后效果

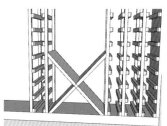
图5-71 对称复制效果

55. 双击进入组件编辑状态，激活"推拉"工具，推拉距离280mm（图5-74）。

56. 将酒架隔板边三等分，复制玻璃隔板至端点位置（图5-75）。

57. 在酒柜外侧添加矩形。激活"矩形"工具，绘制1820mm×20mm矩形；激活"推拉"工具，推拉距离280mm（图5-76）。

58. 激活"圆弧"工具，从中心点开始绘制圆弧（图5-77）。

59. 激活"推拉"工具，推拉高度60mm（图5-78）。

60. 选择圆弧面域，激活"移动"工具，按Ctrl键向上移动360mm（图5-79）。

61. 选择面域"创建群组"，双击进入面域编辑状态，激活"推拉"工具，推拉高度20mm（图5-80）。

62. 激活"移动"工具，按Ctrl键向上移动380mm，复制3份，输入数值"X3"（图5-81）。

63. 绘制酒柜脚线。在酒柜脚位置绘制矩形，大小为60mm×20mm（图5-82）。

64. 激活"圆弧"工具，可以自己设计截面形状，删除多余的线和面（图5-83）。

65. 选择酒柜底边，激活"路径跟随"工具，单击截面完成效果（图5-84）。

66. 用相同方法制作酒柜顶线效果（图5-85～图5-87）。

67. 赋予酒柜模型材质。选择场景中所有模型，激活"材质"工具，在打开的"材质管理器"中选择"木质纹"材质类型，选择"原色樱桃木"，赋予酒柜。在场景中选择酒架玻璃模型，在"玻璃和镜子"材质中选择"灰色半透明玻璃"，完成效果（图5-88）。

68. 给酒柜添加酒具。在"文件"下拉菜单中选择"导

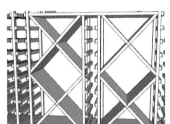
图5-72 复制后效果

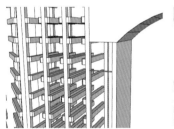
图5-73 绘制矩形

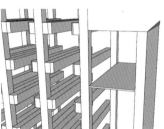
图5-74 推拉后效果

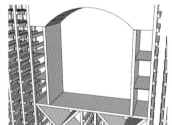
图5-75 复制后效果

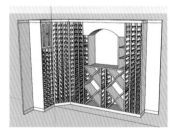
图5-76 绘制侧面隔板

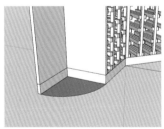
图5-77 绘制圆弧

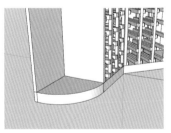
图5-78 推拉

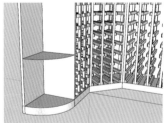
图5-79 移动复制面域

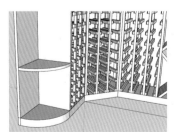
图5-80 推拉后效果

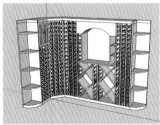
图5-81 复制后效果

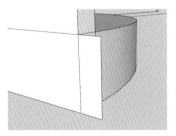
图5-82 绘制矩形

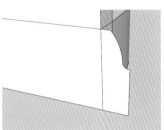
图5-83 绘制圆弧

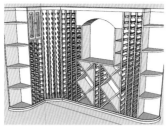

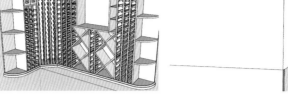

图5-84　完成后酒柜脚线效果　　　　图5-85　截面效果

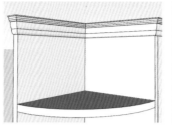

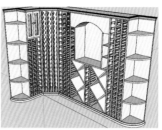

图5-86　顶线效果　　　　图5-87　酒柜模型效果

入"，在打开的导入对话框中文件类型选择"SketchUp
文件（*.skp）"，选择需要导入的酒具文件，单击"导
入"，放置在场景中适当位置（图5-89）。

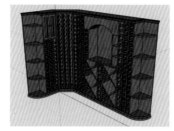

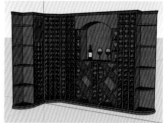

图5-88　完成的酒柜效果图　　　　图5-89　添加酒具后效果

第三节　绘制景观亭子模型

通过绘制景观亭子模型，熟练掌握SketchUp基本操作
工具的综合运用。

一、屋顶曲面绘制

1.打开SketchUp，设置场景单位与精确度。激活"多
边形"工具，绘制六边形，半径值为2000mm，其中一个角
点落在红轴上（图5-90）。

2.激活"移动"工具，按Ctrl键移动复制一个平面，
距离2700mm（图5-91）。

3.激活"矩形"工具，绘制垂直于六边形的矩形面，
宽度根据六边形边的边长，高度大于420mm（图5-92）。

4.激活"圆弧"工具，绘制圆弧，弧高为300mm（图
5-93）。

5.激活"偏移"工具，向下偏移距离120mm（图5-
94）。

6.清除辅助线和面（图5-95）。

7.激活"直线"工具，从六边形中点开始，锁定蓝轴
方向，绘制直线长度为1500mm，添加三角形辅助面（图
5-96）。

8.激活"圆弧"工具，绘制圆弧，其弧高为300mm（图
5-97）。

9.清除辅助线和面，激活"直线"工具，绘制等腰三
角形（图5-98）。

10.选择弧线，激活"路径跟随"工具，点击截面，形
成曲面（图5-99）。

11.清除中间线条（图5-100）。

12.激活"推拉"命令，推拉等腰三角形，上下推拉高
度超出曲面即可（图5-101）。

13.选择曲面和等腰三角形模型，单击鼠标右键，在
弹出的对话框中选择"交错平面"中的"模型交错"（图
5-102）。

14.清除辅助线和面，留下三角形曲面和三角形面（图
5-103）。

15.打开"材质管理器"，在"屋顶"材质类别中选择
"西班牙式屋顶瓦"，赋予等腰三角形（图5-104）。

16.在材质编辑器中修改纹理大小，宽度调整至600mm
（图5-105）。

17.选择等腰三角形面，单击鼠标右键，在弹出的快捷
菜单中选择"投影"（图5-106）。

18.在"材质编辑器"点击"样本颜料"工具📍，吸取
等腰三角形材质，此时光标呈材质工具🎨，单击曲面三角
形，完成效果（图5-107）。

19.删除等腰三角形面，将三角形曲面"创建群组"

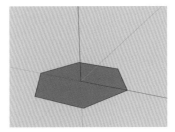

图5-90　绘制六边形

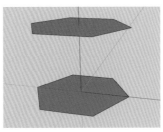

图5-91　移动复制2700mm

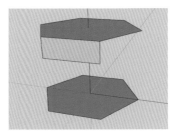

图5-92　绘制矩形面

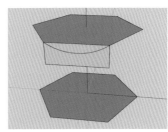

图5-93　绘制圆弧300mm

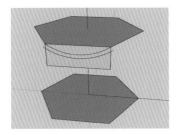

图5-94　偏移120mm

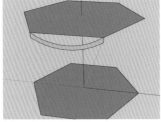

图5-95　清除面和线

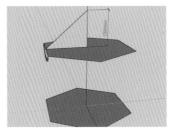

图5-96　绘制三角形面

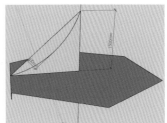

图5-97　绘制圆弧

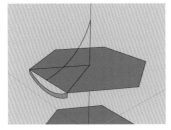

图5-98　清除辅助面和线

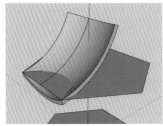

图5-99　路径跟随

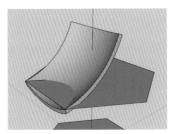

图5-100　清除线

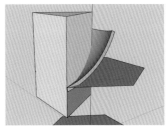

图5-101　推拉

图5-102　模型交错

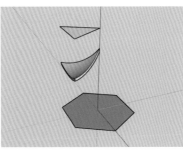

图5-103　清除辅助线和面

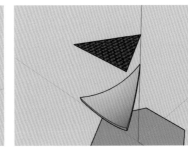

图5-104　赋予材质

图5-105　贴图大小调整

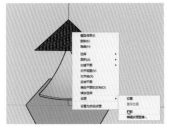

图5-106　贴图投影

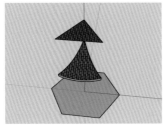

图5-107　曲面贴图效果

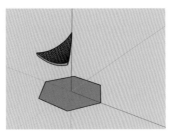

图5-108　删除三角形平面

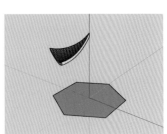

图5-109　旋转角度

（图5-108）。

20.选择三角形曲面和六边形底座，激活"旋转"工具，旋转角度30°（图5-109）。

二、屋脊绘制

1.激活"直线"命令，在距离六边形1800mm处，绘制矩形。高度为2500mm，宽度为2555mm（图5-110）。

2.双击进入曲面群组，选择侧面曲面，按Ctrl+c键进行复制（图5-111）。

3.退出群组后打开"编辑"下拉菜单，选择"原位粘贴"（图5-112）。

4.激活"橡皮擦"工具，擦除线段（图5-113）。

5.激活"偏移"工具，向上偏移距离40mm、40mm、90mm（图5-114）。

6.利用"圆弧"和"直线"工具绘制（图5-115）。

7.清除辅助线和面，并用"创建组件"绘制（图5-116）。

8.激活"推拉"工具，分别向屋脊两边推拉，距离分别为100mm、75mm、75mm（图5-117）。

三、亭子梁柱制作

1.将底部六边形模型"创建群组"，双击进入群组，

激活"推拉"工具，向下推拉距离150mm（图5-118）。

2.激活"卷尺"工具，添加辅助线距离边250mm（图5-119）。

3.激活"圆"工具，绘制半径为120mm的圆，将圆"创建组件"（图5-120）。

4.激活"矩形"工具，绘制80mm×1810mm矩形，将其"创建组件"，并复制一份，激活"旋转"工具，旋转60°（图5-121）。

5.激活"移动"工具，移动对齐至圆心位置（图5-122）。

6.双击进入矩形群组编辑状态，激活"推拉"工具，将其推拉高度为120mm，推拉长度为340mm（图5-123）。

7.双击进入圆群组编辑状态，激活"推拉"工具，推拉高度2560mm（图5-124）。

8.选择梁，激活"移动"工具，向上移动距离2300mm（图5-125）。

9.激活"移动"工具，按Ctrl键往下移动复制一份，距离180mm（图5-126）。

10.激活"缩放"工具，垂直方向往下缩放比例为1.5（图5-127）。

11.在"窗口"下拉菜单中选择"模型信息"，在打开的模型信息对话框中选择"组件"，勾选"隐藏"（图5-128）。

12.双击进入圆柱组件，选择圆柱底部圆，将其

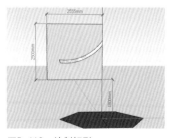
图5-110 绘制矩形

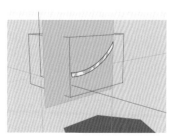
图5-111 选择弧形曲面

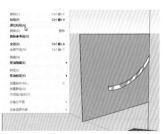
图5-112 原位复制

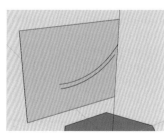
图5-113 橡皮擦删除

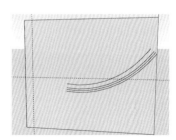
图5-114 往上偏移

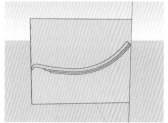
图5-115 绘制屋脊

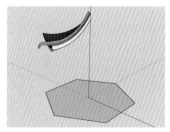
图5-116 清除辅助线和面

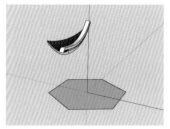
图5-117 推拉后效果

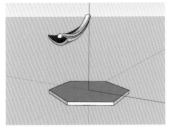

图5-118　向下推拉150mm

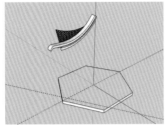

图5-119　添加辅助线

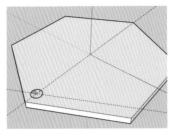

图5-120　绘制圆120mm

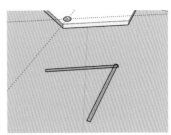

图5-121　绘制矩形

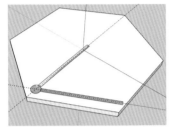

图5-122　移动矩形

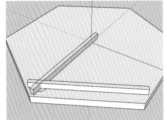

图5-123　推拉后效果

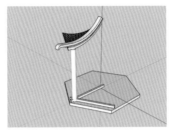

图5-124　推拉2560mm

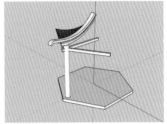

图5-125　往上移动2300mm

图5-126　往下复制180mm

图5-127　缩放1.5

图5-128　组件设置

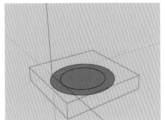

图5-129　向外偏移50mm

"创建组件"，激活"偏移"工具，往外偏移50mm（图5-129）。

13.激活"直线"工具，绘制高度为200mm直线，沿绿轴30mm直线，形成梯形面域（图5-130）。

14.激活"圆弧"工具，绘制圆弧，其弧高为300mm（图5-131）。

15.激活"卷尺"工具，添加辅助线，距离50mm。激活"圆"工具，绘制半径为5mm圆（图5-132）。

16.清除辅助线和面（图5-133）。

17.选择圆，激活"路径跟随"工具，点击截面，完成效果（图5-134）。

18.打开"柔化边线"管理器，调整"法线之间的角度"、勾选"平滑法线"和"软化共面"（图5-135）。

19.完成后效果（图5-136）。

20.选择上面梁柱和曲面，激活"旋转"工具，将其旋转60°，并复制5份，输入值为"X5"（图5-137）。

21.完成后效果（图5-138）。

四、绘制宝顶

1.激活"圆"工具，绘制半径为150mm的圆，激活"矩形"工具，绘制垂直圆的矩形，辅助面长宽为150mm×380mm（图5-139）。

2.激活"圆弧"工具，绘制圆弧，圆弧形状可以自己设计（图5-140）。

3.清除辅助线和面（图5-141）。

4.选择圆，激活"路径跟随"工具，点击宝顶截面，完成后效果(图5-142）。

5.清除辅助面，将其面反转，"创建群组"，激活"移动"工具，移至亭子顶部（图5-143）。

6.双击进入底部群组，激活"移动"工具，底部六边形往外偏移300mm，激活"推拉"工具，往下推拉150mm（图5-144）。

五、添加其他材质

1.调整顶部瓦片颜色，将RGB调整为（74，45，35）（图5-145）。

2.调整屋脊颜色。在"材质编辑器"中选择"颜色"中的"M04色"，在编辑器面板中调整颜色（图5-146）。

3.调整梁柱颜色。在"材质编辑器"中选择"颜色"中的"A07色"，在编辑器面板中调整颜色（图5-147）。

4.双击进入底座组件，激活"偏移"工具，向内偏移50mm，中间部分材质选用"瓦片"类"大型石灰石砖"（图5-148）。

5.其他材质选择"石头"类"浅灰色花岗岩"（图5-149）。

6.完成后效果(图5-150)。

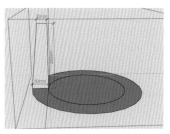

图5-130　绘制辅助面

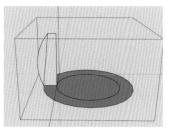

图5-131　绘制圆弧10mm

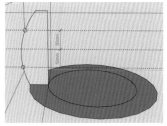

图5-132　绘制圆5mm

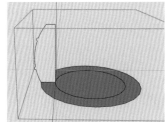

图5-133　清除辅助线

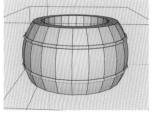

图5-134　路径跟随

图5-135　柔化边线

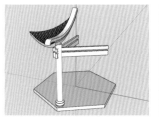

图5-136　完成后效果

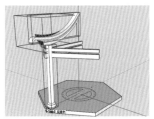

图5-137　旋转复制

图5-138　复制后效果

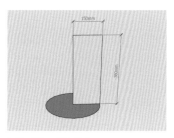

图5-139　顶部装饰

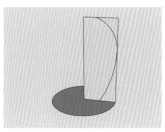

图5-140　绘制圆弧

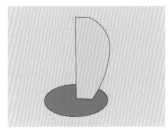

图5-141　清除线和面

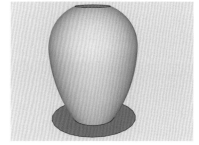

图5-142　路径跟随

图5-143　顶饰完成效果

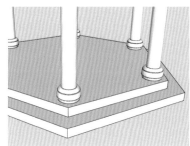

图5-144　底座调整后效果

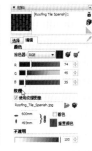

图5-145　瓦片材质

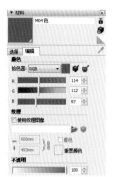

图5-146　屋脊颜色

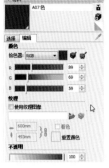

图5-147　梁柱颜色

图5-148　大型石灰石砖

图5-149　浅灰色花岗岩

图5-150　完成后的效果

第四节　根据彩色平面图绘制居住空间立体户型模型

根据彩色平面图绘制居住空间立体户型模型，熟练掌握SketchUp基本操作工具的综合运用。立体户型模型包含地面、墙体及门窗等主体结构，不包含顶部造型，整个场景一览无余。

一、制作墙体模型

1.打开SketchUp，设置场景单位与精确度。导入平面图（图5-151）。

2.激活"卷尺"工具，单击标注尺度为3700mm两个端点，输入长度值"3700"，弹出确认对话框，单击"是"（图5-152、图5-153）。

3.激活"直线"工具，捕捉绘制墙体平面（图5-154）。

4.选择所绘制的墙体平面，单击鼠标右键，在弹出的快捷菜单中选择"反转平面"，将所有平面变成正面朝上，并将其"创建群组"（图5-155）。

5.双击进入群组编辑状态，激活"推拉"工具，推拉高度2800mm（图5-156）。

6.绘制门框。选择进户门下方线条，激活"移动"工具，按Ctrl键向上移动2100mm（图5-157）。

7.激活"推拉"工具，选择上方的面推拉至门的另一

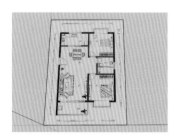

图5-151　导入jpg图片

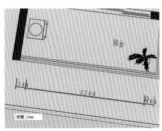

图5-152　卷尺工具缩放

图5-153　调整大小

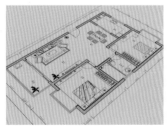

图5-154　墙体平面

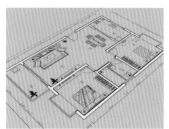

图5-155　反转平面

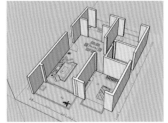

图5-156　推拉墙体高度

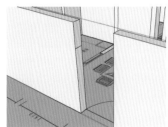

图5-157　移动复制

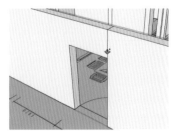

图5-158　推拉形成门洞

端边上，形成门洞（图5-158）。

8.激活"橡皮擦"工具，清除多余线条（图5-159）。

9.按相同方法制作主卧、次卧、卫生间、厨房的门洞，通往阳台的门高度为2400mm（图5-160）。

10.窗洞绘制。厨房窗洞，双击进入墙体结构群组，单击厨房窗口底部线条，激活"移动"工具，按Ctrl键向上移动900mm，再次向上移动复制距离1500mm（图5-161）。

11.激活"推拉"工具，根据窗洞位置推拉出窗洞，清除多余的线条（图5-162）。

12.用相同方法创建卫生间窗洞（图5-163）。

13.绘制次卧飘窗窗洞。用相同方法确定窗洞位置，将底边线条向上复制600mm和1700mm（图5-164）。

14.激活"推拉"工具，推拉出窗洞，并清除多余的线条（图5-165）。

15.用相同方法绘制主卧飘窗窗洞（图5-166）。

16.墙体结构完成后效果（图5-167）。

二、绘制窗户模型

1.绘制阳台模型。激活"直线"工具，绘制阳台内轮廓线，距离1680mm（图5-168）。

2.选择内轮廓线，激活"偏移"工具，向外偏移180mm（图5-169）。

3.激活"推拉"工具，向上推拉900mm（图5-170）。

4.选择阳台平面，激活"移动"工具，按Ctrl键向上移动复制1500mm（图5-171）。

5.激活"推拉"工具，推拉高度400mm（图5-172）。

6.激活"矩形"工具，捕捉阳台正面窗户位置的两个角点（图5-173）。

7.双击矩形，激活"移动"工具，向内移动，距离120mm，将其放置在中间位置（图5-174）。

8.激活"矩形"工具，捕捉阳台侧面角点和刚绘制完

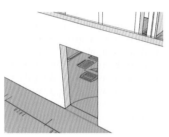
图5-159　清除多余的线

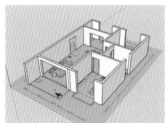
图5-160　门洞完成后效果

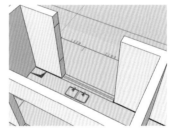
图5-161　确定厨房窗洞位置

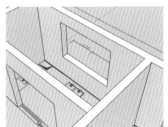
图5-162　完成后厨房窗洞

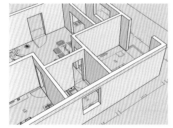
图5-163　完成后的卫生间窗户

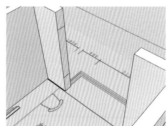
图5-164　确定飘窗位置

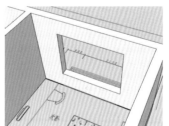
图5-165　完成后次卧窗洞

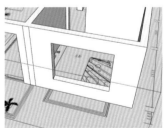
图5-166　完成后主卧窗洞

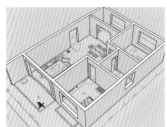
图5-167　墙体结构完成后效果

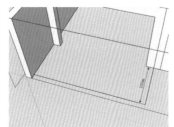
图5-168　绘制阳台内轮廓线

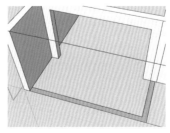
图5-169　偏移后成面域

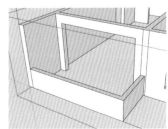
图5-170　推拉后效果

成的矩形角点（图5-175）。

9. 双击侧面矩形，激活"移动"工具，往里移动120mm（图5-176）。

10. 绘制侧面窗户。双击矩形"创建群组"，双击进入编辑状态，激活"偏移"工具，往里偏移60mm（图5-177）。

11. 激活"推拉"工具，往外推拉60mm，双击选中玻璃，激活"移动"工具，按Ctrl键，移动复制至中间位置，删除原来的面（图5-178）。

12. 激活"矩形"工具，按Ctrl键捕捉窗下边框中点绘制60mm×60mm矩形（图5-179）。

13. 选择矩形面，激活"推拉"工具，按Ctrl键向上推拉1380mm，窗户前后均需推拉（图5-180）。

14. 激活"材质"工具，在"材质管理器"中选择"玻璃和镜子"材质，选择"可于天空反射的半透明玻璃"，赋予玻璃（图5-181）。

15. 单击阳台正面矩形"创建群组"，双击进入群组，激活"偏移"工具，向内偏移60mm（图5-182）。

16. 激活"推拉"工具，向外推拉60mm，双击选中玻璃，激活"移动"工具，按Ctrl键，移动复制至中间位置，删除原来的面（图5-183）。

17. 选择玻璃模型底边，单击右键，在弹出的快捷菜单中选择"拆分"，拆分成四段。打开"风格管理器"在"编辑"选项卡中勾选"端点"，数值为"7"，使拆分端点比较明显（图5-184、图5-185）。

18. 激活"矩形"工具，捕捉端点，按Ctrl键从中心绘制60mm×60mm矩形（图5-186）。

19. 激活"推拉"工具，按Ctrl键内外各向上推拉一次，距离1380mm（图5-187）。

20. 选择推拉后模型，打开透视模式，激活"移动"工具，按Ctrl键移动捕捉端点，移动复制2份（图5-188）。

21. 取消"端点"勾选风格，激活"材质"工具，赋予玻璃材质（图5-189）。

22. 补充阳台转角效果。激活"矩形"工具，绘制矩形

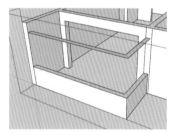
图5-171　移动复制效果

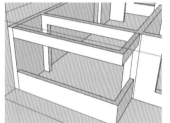
图5-172　推拉400mm

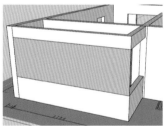
图5-173　绘制矩形

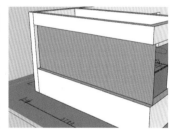
图5-174　移动

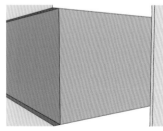
图5-175　阳台侧面矩形

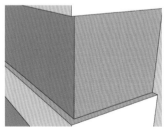
图5-176　移动

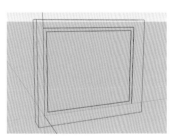
图5-177　往里偏移

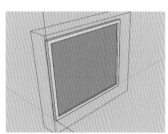
图5-178　推拉效果

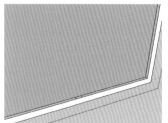
图5-179　绘制矩形

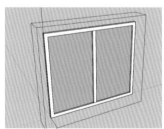
图5-180　推拉后效果

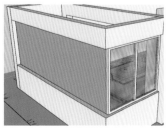
图5-181　完成后效果

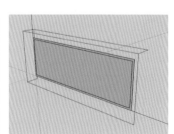
图5-182　向内偏移

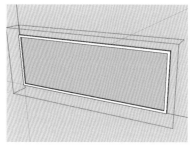

图5-183 推拉后效果

图5-184 显示端点设置

图5-185 分段后效果

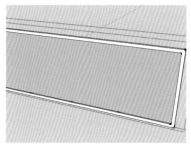

图5-186 绘制矩形

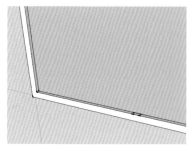

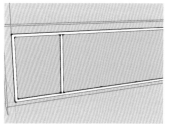

图5-187 前后推拉效果

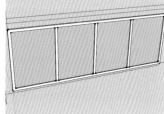

图5-188 移动复制后效果

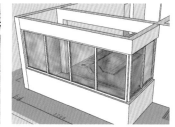

图5-189 阳台完成效果

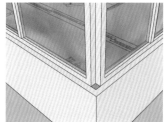

图5-190 绘制矩形

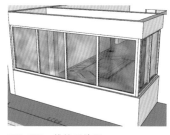

图5-191 推拉后效果

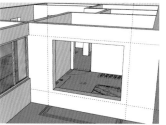

图5-192 添加辅助线

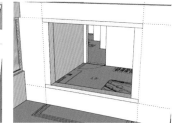

图5-193 增补直线

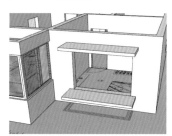

图5-194 推拉后效果

（图5-190）。

23.激活"推拉"工具，推拉高度为1500mm（图5-191）。

24.主卧飘窗的绘制。激活"卷尺"工具，在窗洞上下各添加一条辅助线，距离100mm，左右两边各添加一条辅助线，距离180mm（图5-192）。

25.激活"直线"工具，补直线（图5-193）。

26.将上下两个矩形分别"创建群组"，双击进入群组编辑状态，激活"推拉"工具，推拉760mm（图5-194）。

27.激活"矩形"工具，捕捉绘制矩形（图5-195）。

28.双击矩形面，激活"移动"工具，向内移动120mm（图5-196）。

29.激活"矩形"工具，左右两侧各捕捉绘制矩形，并激活"移动"工具，向内移动120mm（图5-197）。

30.分别创建群组后绘制窗户，绘制方法参考阳台窗户，并补齐转角模型，完成效果（图5-198）。

31.用相同方法制作次卧、卫生间、厨房窗户模型，完

成效果（图5-199）。

三、绘制门的模型

1.绘制阳台门。激活"矩形"工具，绘制矩形，"创建群组"（图5-200）。

2.双击进入群组编辑状态，激活"偏移"工具，向内偏移60mm（图5-201）。

3.激活"卷尺"工具，添加辅助线，距离上边线380mm，并用直线工具补线（图5-202）。

4.激活"卷尺"工具，添加辅助线，距离30mm，上下各添加一条，并用直线工具补线（图5-203）。

5.清除辅助线（图5-204）。

6.制作上方窗户。选择直线，单击鼠标右键，在弹出的快捷菜单中选择"拆分"，将其四等分（图5-205）。

7.打开"风格管理器"，在"边线设置"中勾选"端点"显示风格，激活"直线"工具，添加直线（图

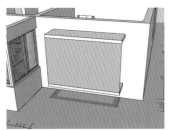

图5-195　绘制矩形

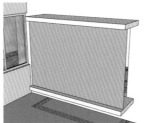

图5-196　向内移动

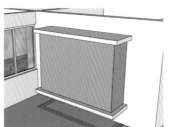

图5-197　绘制矩形往里移动

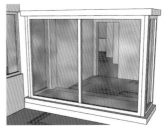

图5-198　主卧飘窗完成效果

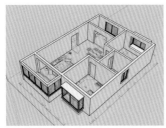

图5-199　窗户完成效果

图5-200　绘制矩形

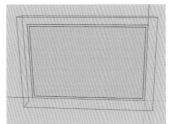

图5-201　向内偏移

图5-202　添加辅助线

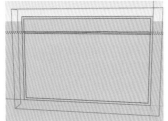

图5-203　添加辅助线

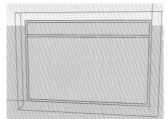

图5-204　清除辅助线

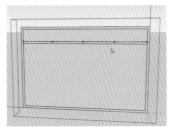

图5-205　4等分

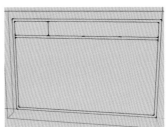

图5-206　绘制直线

5-206）。

8.激活"卷尺"工具，在左右两边各添加一条辅助线，距离30mm，并用直线工具补线（图5-207）。

9.清除辅助线（图5-208）。

10.激活"移动"工具，按Ctrl键，移动复制2份（图5-209）。

11.激活"推拉"工具，将门框前后各推拉60mm（图5-210）。

12.清除下面矩形面，将直线等分成四段，激活"矩形"工具，绘制矩形，并将其"创建组件"，用相同方法制作门的模型效果（图5-211）。

13.激活"材质"工具，赋予材质，取消"端点"风格，复制门，阳台门效果（图5-212）。

14.用相同方法绘制厨房门效果（图5-213）。

15.进户门绘制。双击进入户型墙模型，选择门的三条边，激活"偏移"工具，向外偏移70mm（图5-214）。

16.激活"推拉"工具，往外推拉15mm，外墙门框制作相同，并赋予材质（图5-215）。

17.激活"矩形"工具，绘制1200mm×60mm矩形，"创建群组"（图5-216）。

18.双击进入群组编辑状态，激活"推拉"工具，推拉高度2100mm，并将其放置在门框中间位置，赋予材质（图5-217）。

19.厅把手绘制。激活"矩形"工具，绘制150mm×50mm矩形，并将其"创建群组"（图5-218）。

20.激活"圆弧"工具，绘制圆弧，弧高为10mm（图5-219）。

21.清除辅助线，激活"偏移"工具，向内偏移5mm（图5-220）。

22.激活"推拉"工具，推拉中间平面，距离8mm、周围推拉5mm（图5-221）。

23.激活"卷尺"工具，添加辅助线，距离40mm（图

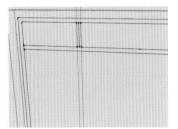

图5-207　添加辅助线

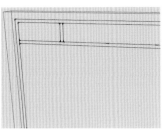

图5-208　清除辅助线

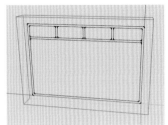

图5-209　复制2组

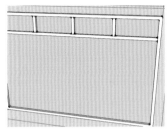

图5-210　推拉门框

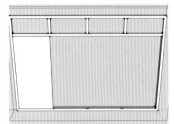

图5-211　绘制矩形

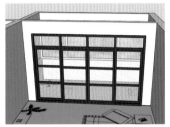

图5-212　阳台门效果

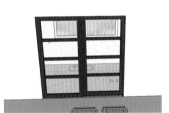

图5-213　厨房门效果

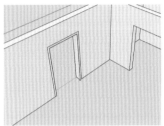

图5-214　进户门偏移

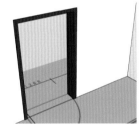

图5-215　推拉后门框效果

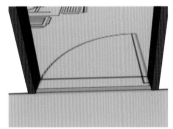

图5-216　绘制矩形

图5-217　推拉后效果

图5-218　绘制矩形

5-222）。

24.激活"圆"工具，绘制半径为10mm的圆（图5-223）。

25.激活"推拉"工具，推拉圆，距离30mm（图5-224）。

26.激活"矩形"工具，绘制100mm×20mm矩形（图5-225）。

27.激活"圆弧"工具，绘制样式，形状可以自己设计（图5-226）

28.清除辅助线和面，激活"推拉"工具，往外推拉15mm（图5-227）。

29.激活"圆"工具，绘制半径为10mm圆；激活"推拉"工具，往外推拉15mm（图5-228）。

30.激活"矩形"工具，按Ctrl键，绘制10mm×2mm矩形；激活"推拉"工具，往里推拉25mm，完成效果（图5-229）。

31.激活"卷尺"工具，添加辅助线，距离分别为55mm和1000mm；激活"移动"工具，将把手移至辅助线位置（图5-230）。

32.清除辅助线，并在门背后相同位置镜像复制一份，完成效果（图5-231）。

33.按相同方法制作主卧、次卧和卫生间的门，完成后效果（图5-232）。

四、添加家具模型

1.打开"图层管理器"，新建图层（图5-233）。

2.导入家具模型。在"文件"下拉菜单中选择"导入"，依次导入家具、洁具、厨具等模型，并调整合并墙体模型和门窗模型图层（图5-234）。

五、绘制地面造型

1.选择墙体图层为当前层，隐藏其他图层，调整视图角度（图5-235）。

2.利用"直线"和"矩形"工具，划分各个功能区域（图5-236）。

3.激活"材质"工具，打开"材质管理器"，选择

"木质纹"材质，选择"地板"材质，赋予"客厅""主卧""次卧"，并调整纹理方向（图5-237）。

4.打开"材质管理器"，选择"瓦片"材质中的"自然色瓷砖"，调整纹理铺装位置（图5-238）。

5.打开"材质管理器"，选择"石头"材质中的"砂岩"，赋予门槛，完成效果（图5-239）。

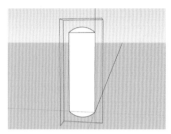
图5-219 绘制圆弧

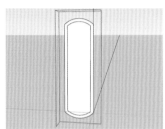
图5-220 向内偏移

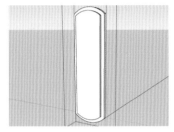
图5-221 推拉

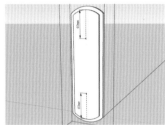
图5-222 添加辅助线

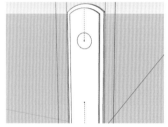
图5-223 绘制圆

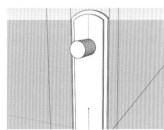
图5-224 推拉

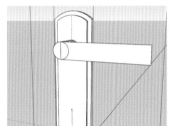
图5-225 绘制矩形

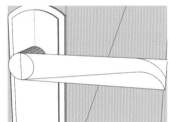
图5-226 绘制把手形状

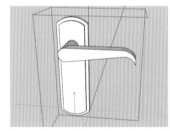
图5-227 推拉后效果

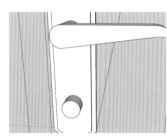
图5-228 圆推拉后效果

图5-229 门把手完成后效果

图5-230 门把手放置

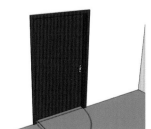
图5-231 进户门完成效果

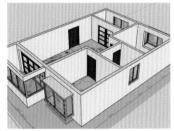
图5-232 门完成后效果

图5-233 新建图层

图5-234 合并后效果

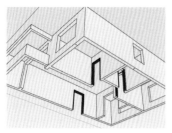

图5-235　隐藏图层

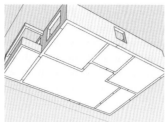

图5-236　地面造型

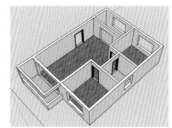

图5-237　木地板材质

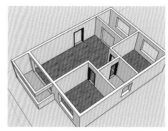

图5-238　赋予瓷砖材质

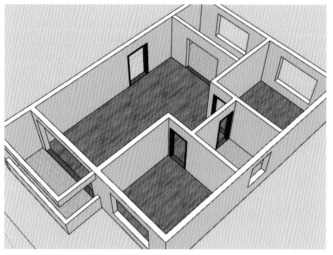

图5-239　地面材质完成后效果

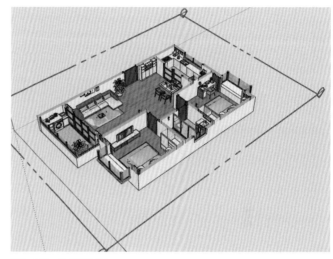

图5-240　添加剖切面

六、立体图形效果图

1.激活"剖切面"工具 ⬧ ，在场景的ＸＹ平面上单击左键，激活"移动"工具，将剖切面移至1400mm位置（图5-240）。

2.点击"显示剖切面"工具 ，隐藏剖切符号，激活"文字"工具，添加各功能空间文字说明，完成立体户型效果图（图5-241）。

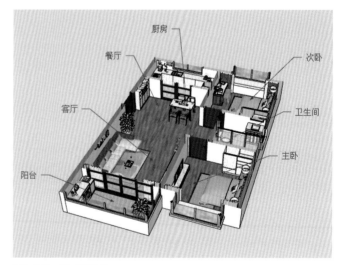

图5-241　完成后效果

「＿ 第六章　SketchUp室内建模」

第六章　SketchUp室内建模

本章节将详细介绍创建室内住宅空间，现代设计风格客厅模型的方法。通过学习，能利用SketchUp创建室内设计模型和效果图，了解室内建模和效果图渲染的制作流程。

第一节　制作室内空间结构

一、导入CAD文件

1.在Auto CAD软件中打开室内设计CAD文件（图6-1），删除家具、厨卫设备等图块，将所有图元移动至"0"图层，激活"清理"命令，快捷键"PU"，在弹出的"清理"对话框中点击"全部清理"，整理完成（图6-2）。

2.打开SketchUp，设置场景单位与精确度。

3.在"文件"下拉菜单中点击"导入"，在打开的"导入"对话框中，选择文件类型为"AutoCAD文件（*.dwg、*.dxf）"，单击"选项"打开"导入AutoCAD DWG/DXF选项"对话框，将单位设成"毫米"，选择整理后的沙发CAD图纸，点击"导入"（图6-3）。

4.导入后的图纸会自动成组，导入CAD文件（图6-4）。

二、绘制客厅墙体结构模型

1.激活"直线"工具，绘制客厅、餐厅、玄关区域轮廓线，使其成面，门和窗位置在绘制直线时需要断开（图6-5）。

2.激活"推拉"工具，将其推拉高度2800mm（图6-6）。

3.推拉完成后模型正面朝外，我们所要做的效果图是室内模型，因此需要调整正反面。选择任意一个面，单击鼠标右键，在弹出的快捷菜单中选择"反转平面"，再次单击鼠标右键，在弹出的快捷菜单中选择"确定平面的方向"（图6-7）。

4.分别选择顶面和地面，单击鼠标右键，在弹出的快捷菜单中选择"隐藏"，为创建门窗做准备（图6-8）。

三、绘制门窗模型

1.绘制客厅窗户。激活"卷尺"工具，添加90mm和1500mm辅助线，确定窗户高度（图6-9）。

2.激活"直线"工具，在辅助线位置添加直线，并删除辅助线和多余的线条（图6-10）。

3.激活"推拉"工具，向外推拉40mm，可以利用推拉捕捉窗台线完成（图6-11）。

4.双击选择窗户，单击鼠标右键，在弹出的快捷菜单中选择"创建群组"，双击窗户群组，进入群组编辑状态（图6-12）。

5.窗户均分四份。激活"直线"工具，捕捉中点绘制直线，再次捕捉中点添加另两条直线（图6-13）。

6.激活"偏移"工具，向内偏移60mm（图6-14）。

7.激活"推拉"工具，向外推拉60mm，完成效果（图6-15）。

8.选择全部窗框，激活"材质"工具，添加白色材质，选择"玻璃和镜子"材质，为窗玻璃添加玻璃为"半透明玻璃蓝"，退出组件（图6-16）。

9.用相同方法制作餐厅窗户模型(图6-17)。

10.绘制门洞。激活"卷尺"工具。添加2100mm辅助线，并用直线工具添加线条（图6-18）。

11.清除辅助线和其他多余的线条(图6-19)。

12.用相同方法绘制其他门洞，完成效果(图6-20)。

四、绘制吊顶模型

1.客厅吊顶绘制。激活"直线"工具，在客厅和餐厅

图6-1　三室两厅平面布置图

图6-2　清理后的三室两厅平面布置图

图6-3　导入cad文件

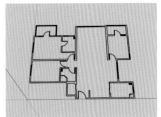

图6-4　导入的cad图纸

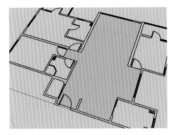

图6-5　绘制轮廓

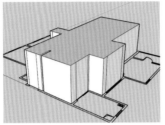

图6-6　推拉后效果

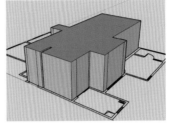

图6-7　反转平面后效果

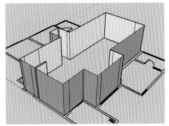

图6-8　隐藏顶面和地面

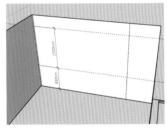

图6-9　添加辅助线

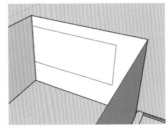

图6-10　补线

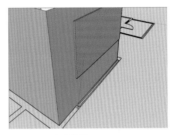

图6-11　往外推拉

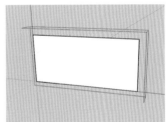

图6-12　创建组件

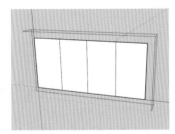

图6-13　添加直线

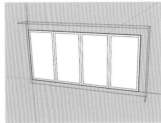

图6-14　向内偏移60mm

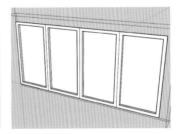

图6-15　往外推拉

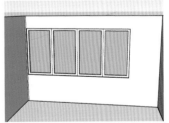

图6-16　添加材质后效果

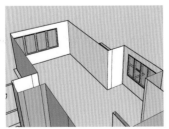

图6-17　餐厅窗户模型

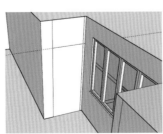

图6-18　创建门洞

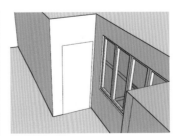

图6-19　清除多余线条

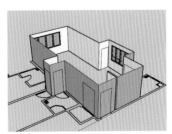

图6-20　门洞完成效果

区域分割位置添加直线（图6-21）。

2.双击选择客厅顶面，单击鼠标右键，在弹出的快捷菜单中选择"创建群组"，双击进入群组编辑状态（图6-22）。

3.激活"卷尺"工具，在窗口位置添加辅助线，距离200mm，激活"直线"工具，绘制直线（图6-23）。

4.激活"偏移"工具，向内偏移500mm（图6-24）。

5.激活"推拉"工具，向下推拉260mm（图6-25）。

6.窗口灯槽制作。选择下方边线，激活"移动"工具，按Ctrl键，往上移动80mm，复制一条直线（图6-26）。

7.激活"推拉"工具，向内推拉150mm，留出放置灯的位置（图6-27）。

8.选择顶面4条边，激活"移动"工具，按Ctrl键，向下移动180mm，复制一份(图6-28)。

9.激活"推拉"工具，分别向内推拉60mm，并清除多余的线条(图6-29)。

10.绘制石膏线截面。激活"矩形"工具，绘制80mm×60mm矩形（图6-30）。

11.激活"直线"工具，绘制截面上的直线，距离均为10mm，激活"圆弧"工具，绘制圆弧，弧高10mm（图6-31）。

12.选择吊顶下面4条边线，激活"路径跟随"工具，点击石膏线截面，完成石膏线模型（图6-32）。

13.选择顶面4条边线，激活"移动"工具，按Ctrl键，向下移动100mm，复制一份（图6-33）。

14.激活"推拉"工具，四周分别向内推拉300mm，退出组件（图6-34）。

15.创建餐厅吊顶。双击客厅顶面，单击鼠标右键，在弹出的快捷菜单中选择"创建群组"（图6-35）。

16.双击进入餐厅群组编辑状态，激活"直线"工具，添加分割线（图6-36）。

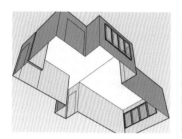

图6-21 添加直线

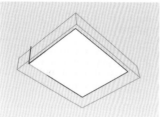

图6-22 创建组件

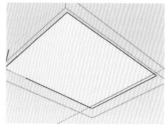

图6-23 添加辅助线

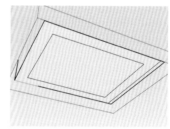

图6-24 向内偏移500mm

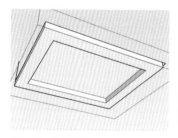

图6-25 向下推拉

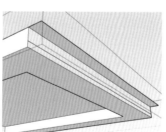

图6-26 向上复制直线

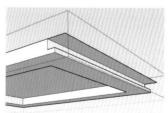

图6-27 向内推拉

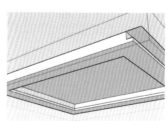

图6-28 复制效果

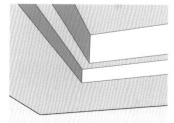

图6-29 向内推拉

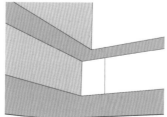

图6-30 绘制矩形

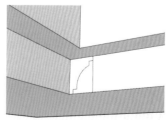

图6-31 绘制截面

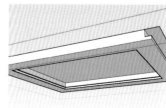

图6-32 石膏线模型效果

17.激活"推拉"工具，走道区域向下推拉260mm，餐厅区域向下推拉120mm（图6-37）。

18.绘制石膏线截面。激活"矩形"工具，绘制140mm×100mm矩形（图6-38）。

19.同客厅石膏线绘制操作31步，绘制石膏线截面（图6-39）。

20.选择餐厅顶部四条边线，激活"路径跟随"工具，单击石膏线截面（图6-40）。

21.吊顶完成后效果（图6-41）。

22.在"编辑"菜单下选择"取消隐藏"，选择"全

部"，显示所有隐藏模型。选择顶部吊顶模型，单击鼠标右键，在出现的快捷菜单中选择"隐藏"，将吊顶模型隐藏，并删除CAD底图（图6-42）。

五、绘制地面模型

1.双击选择地面，按Shift单击地面，激活"移动"工具，按Ctrl键，将地面边线往上移动复制100mm（图6-43）。

2.清除门洞处的踢脚线，激活"材质"工具，选择

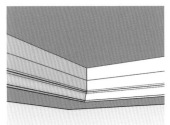
图6-33 向下复制直线

图6-34 向里推拉

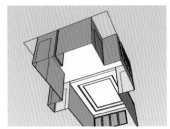
图6-35 创建餐厅顶面组件

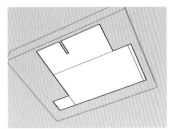
图6-36 添加分割线

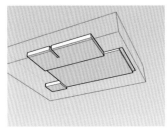
图6-37 向下推拉

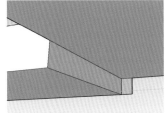
图6-38 绘制矩形

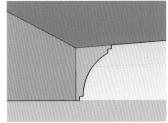
图6-39 餐厅石膏线截面

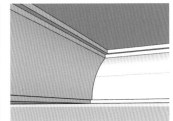
图6-40 餐厅石膏线效果

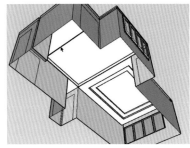
图6-41 吊顶完成后效果

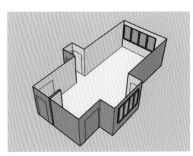
图6-42 隐藏吊顶模型

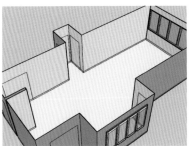
图6-43 复制地面边线

图6-44 踢脚线材质

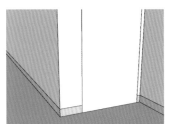
图6-45 赋予踢脚线材质

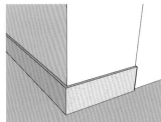
图6-46 完成的踢脚线模型

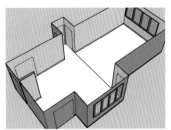
图6-47 踢脚线整体效果

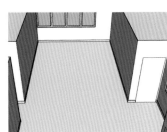
图6-48 地面分割线

"木纹理"材质中的"饰面木板02",并调整其纹理大小为150mm,RGB颜色调整为(240,230,180),调整材质(图6-44)。

3.将调整完的材质赋予踢脚线(图6-45)。

4.激活"推拉"工具,将踢脚线推拉10mm,并清除多余的线条(图6-46、图6-47)。

5.激活"直线"工具,添加地面分割线(图6-48)。

6.激活"材质"工具,点击"添加材质"工具 ,勾选"使用纹理图像",添加"木地板.jpg"图像文件,并赋予客厅地面(图6-49、图6-50)。

7.激活"材质"工具,点击"添加材质"工具 ,勾选"使用纹理图像",添加"地砖.jpg"图像文件,并赋予餐厅地面(图6-51、图6-52)。

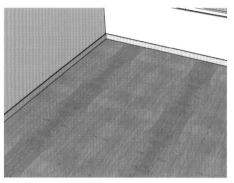

图6-49 创建材质　　图6-50 客厅地面材质

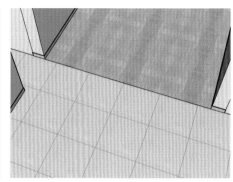

图6-51 创建地砖材质　　图6-52 餐厅地面材质

第二节 制作电视背景墙模型

1.激活"卷尺"工具,添加辅助线,左右距离均为1360mm,上下距离为260mm、400mm(图6-53)。激活"直线"工具,添加直线。

2.双击中间平面,单击鼠标右键,在弹出的快捷菜单中选择"创建群组",并双击进入群组编辑状态(图6-54)。

3.绘制框架截面。激活"矩形"工具,绘制70mm×80mm矩形(图6-55)。

4.利用"直线"工具和"圆弧"工具绘制截面(图6-56)。

5.选择平面,激活"路径跟随"工具,点击截面,完成框架效果(图6-57)。

6.激活"偏移"工具,向内偏移300mm(图6-58)。

7.激活"推拉"工具,向外推拉20mm(图6-59)。

8.激活"材质"工具,中间平面材质选择"墙纸"类型下的"棕色条纹薄墙纸"(图6-60)。

9.框架木纹材质点击"创建材质"工具 ,添加"木材.jpg"文件,赋予材质(图6-61、图6-62)。

10.退出群组编辑状态,激活"材质"工具,赋予墙面墙纸材质,完成效果(图6-63、图6-64)。

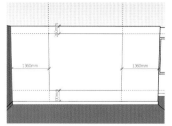

图6-53 添加直线

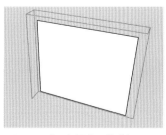

图6-54 进入电视背景墙群组

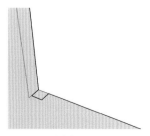

图6-55 绘制矩形

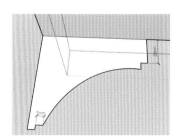

图6-56 绘制截面形状

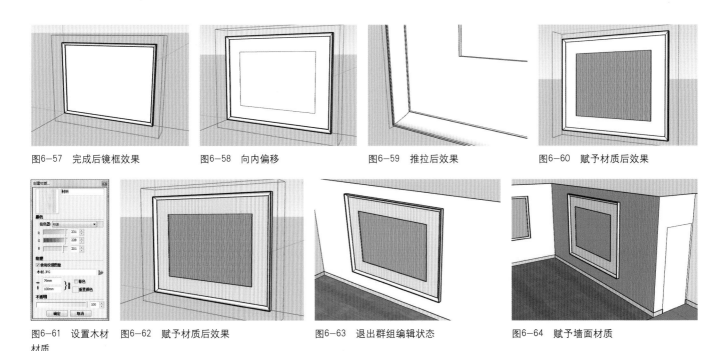

图6-57　完成后镜框效果　　图6-58　向内偏移　　图6-59　推拉后效果　　图6-60　赋予材质后效果

图6-61　设置木材
材质
图6-62　赋予材质后效果　　图6-63　退出群组编辑状态　　图6-64　赋予墙面材质

第三节　制作室内家具模型

一、绘制电视柜

1.激活"矩形"工具，绘制5390mm×720mm矩形，双击选择矩形，单击鼠标右键，在弹出的快捷菜单中选择"创建群组"（图6-65）。

2.双击进入群组编辑状态，激活推拉工具，向上推拉400mm，赋予白色材质（图6-66）。

3.选择柜子边线，激活"移动"工具，按Ctrl键，移动1360mm，共复制2份（图6-67）。

4.激活"推拉"工具，左右两边电视柜向内推拉220mm（图6-68）。

5.激活"偏移"工具，向内偏移40mm（图6-69）。

6.选择底部边线，单击鼠标右键，选择"拆分"，输入值"3"，拆分成三段（图6-70）。

7.激活"直线"工具，添加直线（图6-71）。

8.激活"卷尺"工具，添加辅助线，距离中线20mm，并用直线工具补线（图6-72）。

9.清除辅助线及多余的直线（图6-73）。

10.激活"推拉"工具，向内推拉700mm（图6-74）。

11.激活"矩形"工具，按Ctrl键，从中心位置开始绘制矩形，长100mm，宽50mm（图6-75）。

12.双击选择矩形，点击鼠标右键，在弹出的快捷菜单中选择"创建组件"，双击进入组件编辑状态，激活"偏移"工具，向内偏移15mm（图6-76）。

13.激活"推拉"工具，向内推拉10mm（图6-77）。

14.将抽屉拉手复制2份（图6-78）。

15.左右两边电视柜制作。激活"偏移"工具，向内偏移40mm（图6-79）。

16.激活"卷尺"工具，添加辅助线距离850mm（图6-80）。

17.激活"直线"工具，添加直线，并清除辅助线（图6-81）。

18.激活"卷尺"工具，添加辅助线，距离中心线20mm（图6-82）。

19.激活"直线"工具，绘制直线，并清除辅助线和多余的直线（图6-83）。

20.激活"推拉"工具，向内推拉480mm（图6-84）。

21.右侧电视柜做圆弧造型。激活"圆弧"工具，捕捉中点绘制相切圆弧（图6-85）。

22.选择圆弧，激活"移动"工具，按Ctrl键，移动复制两份（图6-86）。

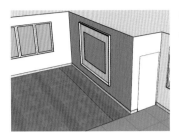

图6-65　绘制矩形

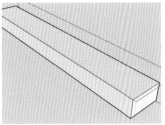

图6-66　推拉后效果

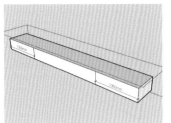

图6-67　添加直线

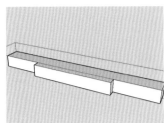

图6-68　推拉后效果

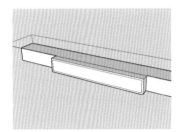

图6-69　向内偏移

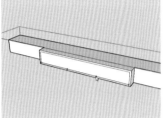

图6-70　拆分3段

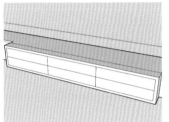

图6-71　添加直线

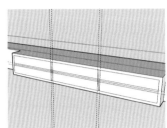

图6-72　添加辅助线

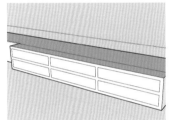

图6-73　清除辅助线

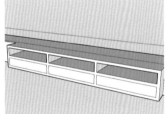

图6-74　推拉后效果

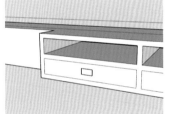

图6-75　绘制矩形

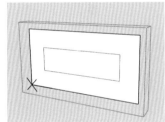

图6-76　向内偏移

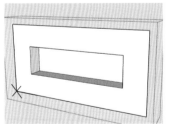

图6-77　向内推拉

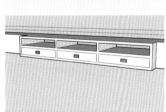

图6-78　复制后效果

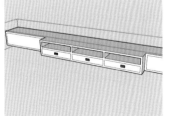

图6-79　向内偏移

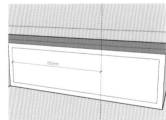

图6-80　添加辅助线

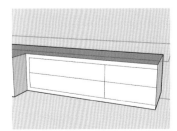

图6-81　添加直线

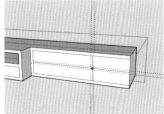

图6-82　添加辅助线

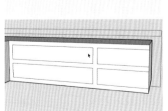

图6-83　添加直线

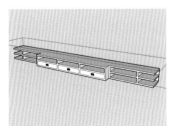

图6-84　推拉后效果

23.激活"推拉"工具，推拉平面形成圆角（图6-87）。

24.退出组件编辑状态，激活"材质"工具，赋予白色材质（图6-88）。

二、合并家具模型

1.合并门模型。单击卧室门洞面，按Delete键删除，在"文件"下拉菜单中点击"导入"，在打开的"导入"对话框中，选择文件类型为"SketchUp文件（*.skp）"，选择"门.skp"文件，点击"导入"（图6-89）。

2.利用"移动"和"缩放"工具，调整门的位置和大小（图6-90），用相同方法导入其他房间的门模型。

3.合并窗帘模型，导入"窗帘.skp"文件（图6-91）。

4.利用"移动""缩放"工具调整窗帘位置及窗帘大小（图6-92）。

5.合并沙发模型。导入"沙发.skp"模型文件（图6-93）。

6.调整材质颜色。打开"材质面板"，选择"样本颜料"工具 ✐，吸取沙发材质，在"编辑"选项卡中将RGB拾色器颜色设置为（88,69,45），完成沙发效果（图6-94）。

7.合并茶几模型。导入"茶几.skp"模型文件（图6-95）。

8.调整酒杯材质。选择一种颜色，然后在编辑选项卡中将不透明度调至40（图6-96）。

9.合并台灯模型。导入"台灯.skp"模型文件（图6-97）。

10.利用"移动"工具复制一份，将台灯放置在沙发两边，调整部分桌面上的装饰模型（图6-98）。

11.合并装饰画模型。导入"装饰画.skp"模型文件（图6-99）。

12.利用"旋转""移动""缩放"等工具调整装饰画方向、位置及大小，完成效果（图6-100）。

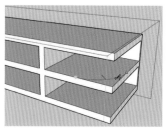

图6-85 绘制圆弧

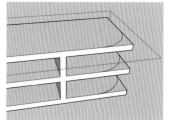

图6-86 移动复制

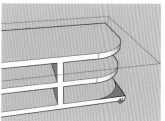

图6-87 推拉平面

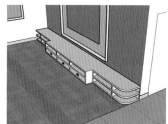

图6-88 电视柜效果

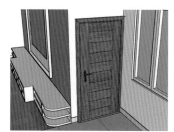

图6-89 导入门

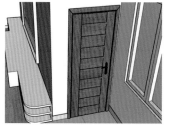

图6-90 门合并后效果

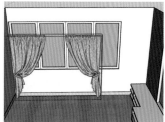

图6-91 导入窗帘

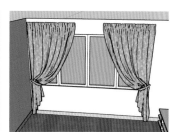

图6-92 窗帘合并后效果

图6-93 导入沙发

图6-94 完成后沙发效果

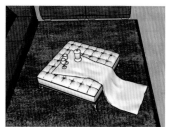

图6-95 导入茶几

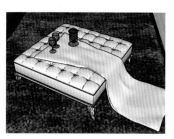

图6-96 完成后茶几效果

13.用相同方法合并灯具、电视机、音响、植物及其他装饰品模型(图6-101、图6-102）。

图6-97　导入台灯

图6-98　台灯合并后效果

图6-99　导入装饰画

图6-100　装饰画合并后效果

图6-101　合并其他装饰品后效果

图6-102　合并其他装饰品后效果

第四节　制作客厅效果图

在"编辑"下拉菜单中选择"取消隐藏"，选择"全部"，显示所有被隐藏的模型，激活"定位相机"工具，如图6-103所示放置相机，将"视点高度"值设置为"1650mm"。激活"缩放"工具，将"视野"值设置为"50"（图6-104）。激活"环绕观察"工具，调整相机角度。在"视图"下拉菜单中选择"动画"下的"添加场景"，将相机视角以场景形式保存(图6-105）。

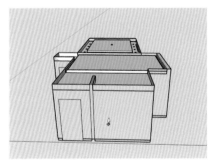

图6-103　放置相机

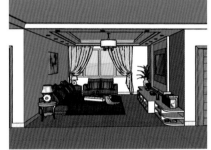

图6-104　创建相机后效果

图6-105　完成后客厅效果图

「 ＿ 第七章　制作别墅模型 」

第七章 制作别墅模型

本章节将详细介绍创建别墅模型的方法。通过学习，能利用SketchUp创建建筑模型和效果图，了解别墅建模和效果图渲染的制作流程。

第一节 导入CAD文件

1.在AutoCAD软件中打开别墅图纸文件（图7-1、图7-2），删除标注，将所有图元移动至"0"图层，激活"清理"命令，快捷键"PU"，在弹出的"清理"对话框中点击"全部清理"（图7-3）。

2.打开SketchUp，设置场景单位与精确度。

3.在"文件"下拉菜单中点击"导入"，在打开的"导入"对话框中，选择文件类型为"AutoCAD文件

（*.dwg、*.dxf）"，单击"选项"打开"导入AutoCAD DWG/DXF选项"对话框，单位选择"毫米"，选择整理后的别墅CAD图纸，单击"导入"（图7-4）。

4.导入后的图纸会自动成组，单击图纸，单击鼠标右键，在弹出的快捷菜单中选择"炸开模型"，然后分别为平面图和立面图"创建组件"，新建图层（图7-5），并将图纸放置在对应的各个图层中。

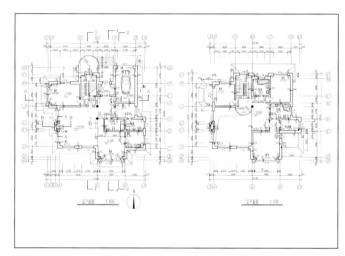

图7-1 CAD平面图

图7-2 CAD立面图

图7-3 CAD整理图

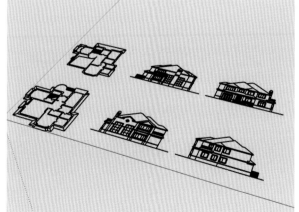

图7-4 导入CAD图纸

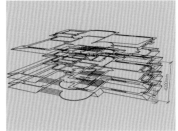

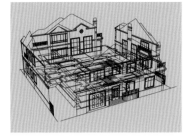

图7-5　新建图层　　　　图7-6　移动平面图层　　　　图7-7　西南立面放置　　　　图7-8　立面移动后效果

5.激活"移动"工具，选择一层平面图，按Ctrl键向上移动复制一份，距离1200mm。选择二层平面图，激活"移动"工具，将其移动至一层平面图上相应位置，并将二层平面图沿蓝轴方向向上移动4200mm，将最下面的一层平面图移至"地下层平面图"图层（图7-6）。

6.激活"移动""旋转"工具，将立面图分别移至平面图的东南西北四个面位置（图7-7、图7-8）。

第二节　创建地下层模型

1.打开"图层管理器"工作面板，新建"别墅模型"图层，并将其设置为当前图层，设置"地下层平面图"和"西立面"图层可见，其他图层不可见（图7-9）。

2.激活"直线"工具，勾画出建筑轮廓，并将其"创建群组"（图7-10）。

3.激活"推拉"工具，推拉主入口高度900mm，其他别墅区域高度为1200mm（图7-11）。

4.绘制主入口楼梯。选择楼梯直线，单击鼠标右键，在弹出的快捷菜单中选择"拆分"，输入"5"段（图7-12）。

5.激活"直线"工具，绘制直线（图7-13）。

6.反转楼梯平面，激活"推拉"工具，向上推拉台阶高度150mm，推拉后清除多余的线条（图7-14）。

7.激活"偏移"工具，将别墅轮廓往外偏移20mm；激活"推拉"工具，向下推拉100mm（图7-15、图7-16）。

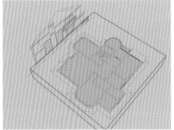

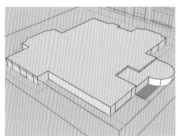

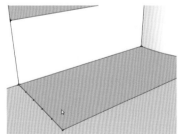

图7-9　调整图层可见性　　　图7-10　绘制建筑轮廓线　　　图7-11　推拉后效果1100mm+900mm　　　图7-12　拆分5段

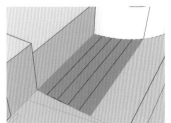

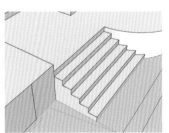

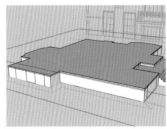

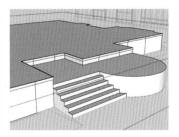

图7-13　添加直线　　　图7-14　楼梯推拉后效果　　　图7-15　偏移推拉　　　图7-16　地下层效果

第三节　创建别墅一层模型

一、绘制一层西立面建筑墙体模型

1.打开"图层管理面板"，隐藏"地下层平面图"图层，显示"一层平面图"图层（图7-17）。

2.激活"偏移"工具，向内偏移420mm（图7-18）。

3.激活"直线"工具，根据一层平面图勾画出西立面墙体结构（图7-19）。

4.激活"推拉"工具，向上推拉2490mm（图7-20）。

5.激活"推拉"工具，推拉窗台高度200mm（图7-21）。

6.选择窗台外三条边线，激活"偏移"工具，向外偏移60mm，激活"直线"工具补线（图7-22）。

7.激活"推拉"工具，向上推拉100mm，并清除多余的线条（图7-23）。

8.选择窗台平面，激活"移动"工具，按Ctrl键向上移动1800mm，复制平面（图7-24）。

9.激活"推拉"工具，推拉高度390mm（图7-25）。

10.选择窗台外框平面，激活"移动"工具，按Ctrl键向上移动1800mm（图7-26）。

11.激活"推拉"工具，向上推拉高度100mm（图7-27）。

12.选择窗台外侧三条边线，向内捕捉偏移，对齐窗框（图7-28）。

13.选择偏移后的三条直线，激活"偏移"工具，偏移60mm（图7-29）。

14.激活"推拉"工具，向上推拉60mm（图7-30）。

15.选择推拉后的平面，激活"移动"工具，按Ctrl键，向上移动1760mm复制一份（图7-31）。

16.激活"推拉"工具，向下推拉60mm（图7-32）。

17.激活"直线"工具，在窗口转角处添加直线，距离均为60mm（图7-33）。

18.激活"直线"工具，添加等分线，将其四等分（图7-34）。

19.激活"卷尺"工具，添加距离60mm辅助线，并用"直线"工具补线。激活"矩形"工具，按Ctrl键从矩形中心开始绘制60mm×60mm矩形（图7-35）。

20.清除多余的线条，激活"推拉"工具，向上捕捉推拉1680mm（图7-36）。

21.激活"矩形"工具，绘制矩形，并"创建群组"（图7-37）。

22.双击进入群组编辑状态，激活"偏移"工具，向内偏移20mm（图7-38）。

23.删除中间平面，激活"推拉"工具，向内推拉

图7-17　调整图层可见性

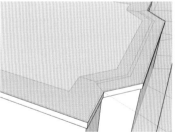

图7-18　捕捉偏移420mm

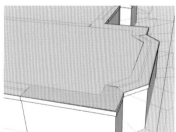

图7-19　墙体结构

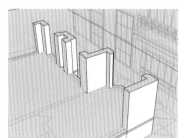

图7-20　推拉2490mm

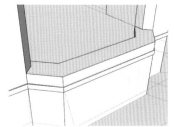

图7-21　推拉200mm

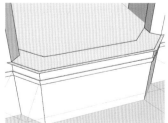

图7-22　偏移60mm

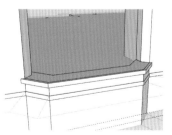

图7-23　推拉100mm

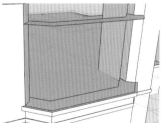

图7-24　复制窗台平面

20mm（图7-39）。

24.捕捉中点，绘制矩形（图7-40）。

25.激活"材质"工具，窗玻璃添加半透明玻璃材质，窗框赋予白色材质（图7-41）。

26.旋转窗体组件，激活"移动"工具，向内移动20mm，使其放置在窗框中间。激活"移动"工具，按Ctrl键复制三份，用相同方法制作左右两侧窗页，但需重新设置坐标轴（图7-42）。

27.隐藏所有窗页，选择窗框底部面，激活"移动"工具，向上移动220mm，复制一份（图7-43）。

28.激活"推拉"工具，向上推拉100mm（图7-44）。

29.选择推拉后模型底部线条，激活"移动"工具，按Ctrl键向上移动20mm复制一份，再次向上移动60mm复制一份（图7-45）。

30.激活"推拉"工具，向内推拉15mm，并在"编辑"下拉菜单中选择"取消隐藏"中的"全部"（图7-46）。

31.选择顶部外轮廓线，激活"偏移"工具，向外偏移30mm，并用"直线"工具补线形成面（图7-47）。

32.激活"推拉"工具，向上推拉60mm（图7-48）。

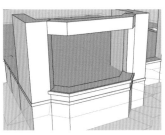

图7-25　窗洞效果

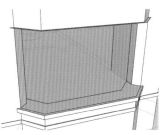

图7-26　移动复制

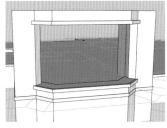

图7-27　推拉100mm

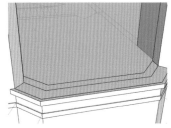

图7-28　向内偏移246mm

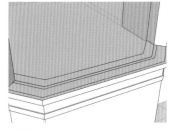

图7-29　偏移60mm

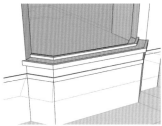

图7-30　向上推拉60mm

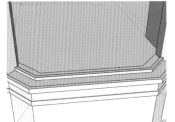

图7-31　移动复制1740mm

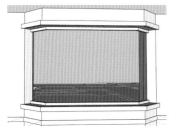

图7-32　推拉后效果

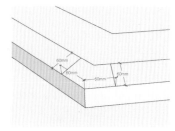

图7-33　添加辅助直线

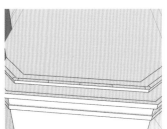

图7-34　等分直线

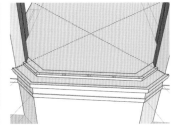

图7-35　绘制矩形

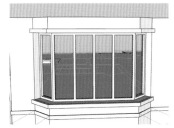

图7-36　推拉1680mm

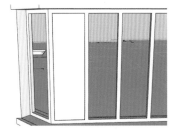

图7-37　绘制矩形

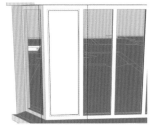

图7-38　向内偏移20mm

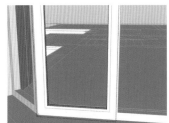

图7-39　向内推拉20mm

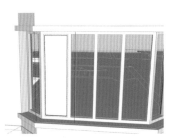

图7-40　绘制窗玻璃

33.激活"推拉"工具，向上推拉200mm（图7-49）。

34.选择顶部外轮廓线，激活"偏移"工具，向外偏移300mm，并用"直线"工具补线形成面（图7-50）。

35.激活"推拉"工具，向上推拉40mm（图7-51）。

36.选择顶部外轮廓线，激活"偏移"工具，向外偏移40mm，并用"直线"工具补线形成面（图7-52）。

37.激活"推拉"工具向上推拉60mm（图7-53）。

38.选择顶部外轮廓线，激活"偏移"工具，向外偏移60mm，并用"直线"工具补线形成面（图7-54）。

39.激活"推拉"工具，向上推拉150mm（图7-55）。

40.激活"推拉"工具，烟囱模型向上推拉510mm至一层楼层高度（图7-56）。

41.选择西南转角顶部面，激活"推拉"工具，向上推拉260mm（图7-57）。

42.选择顶部外测轮廓线，激活"偏移"工具，向外偏移100mm（图7-58）。

43.激活"推拉"工具，向上推拉40mm（图7-59）。

44.选择顶部外侧轮廓线，激活"偏移"工具，向外偏移40mm，并用"直线"工具补线形成平面（图7-60）。

45.激活"推拉"工具，向上推拉60mm（图7-61）。

46.选择顶部外侧轮廓线，激活"偏移"工具，向外偏

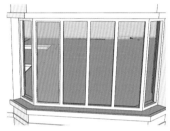

图7-41　赋予材质

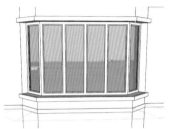

图7-42　复制后效果

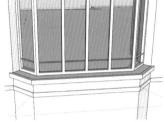

图7-43　移动复制

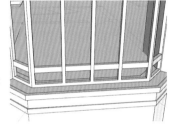

图7-44　向上推拉100mm

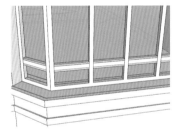

图7-45　移动复制

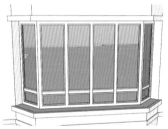

图7-46　推拉后效果

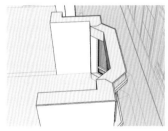

图7-47　往外偏移

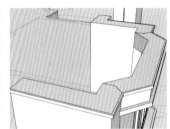

图7-48　推拉60mm

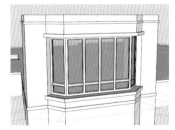

图7-49　推拉200mm

图7-50　偏移300mm

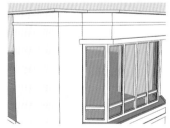

图7-51　推拉40mm

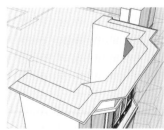

图7-52　偏移40mm

图7-53　推拉60mm

图7-54　偏移60mm

图7-55　推拉150mm

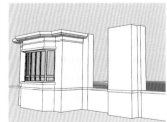

图7-56　推拉510mm

移60mm，并用"直线"工具补线形成平面（图7-62）。

47.激活"推拉"工具，向上推拉150mm（图7-63）。

48.西立面落地窗关联到二层建筑模型，在二层西立面创建时再绘制，完成后西立面建筑模型（图7-64）。

二、绘制一层南立面建筑墙体模型

1.打开"图层管理器"工作面板，隐藏"西立面"图层，显示"南立面""一层平面图""别墅模型"图层，当前图层为"别墅模型"图层，双击进入别墅模型组件编辑状态，激活"直线"工具，添加南立面建筑墙体轮廓线（图7-65）。

2.激活"推拉"工具，推拉高度2790mm（图7-66）。

3.用创建西立面窗户相同方法绘制南立面窗户（图7-67）。

4.南立面一层其他建筑模型将在后面创建（图7-68）。

三、绘制一层东立面建筑墙体模型

1.打开"图层管理器"工作面板，隐藏"南立面"图层，显示"东立面""一层平面图""别墅模型"图层，当前图层为"别墅模型"图层，双击进入别墅模型群组编辑状态，激活"直线"工具，添加东立面建筑墙体轮廓线（图7-69）。

2.激活"推拉"工具，推拉高度2790mm（图7-70）。

3.激活"推拉"工具，推拉窗台高度600mm，并清除多余的线条（图7-71）。

4.激活"卷尺"工具，添加窗高辅助线1500mm，并用"直线"工具补线（图7-72）。

5.激活"推拉"工具，选择墙体上方平面，推拉至另一端，并清除多余的线条，完成效果（图7-73）。

6.绘制玻璃窗框。激活"矩形"工具，捕捉绘制矩形，并将其"创建群组"（图7-74）。

7.双击进入群组编辑状态，激活"偏移"工具，向内

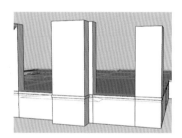
图7-57　推拉260mm

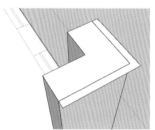
图7-58　往外偏移100mm

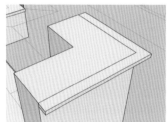
图7-59　推拉40mm

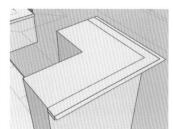
图7-60　偏移40mm

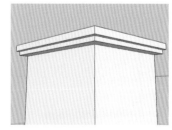
图7-61　推拉60mm

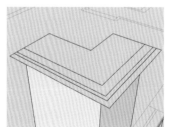
图7-62　偏移60mm

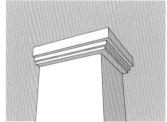
图7-63　推拉150mm

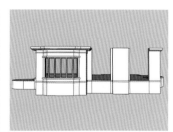
图7-64　完成后西立面效果

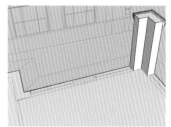
图7-65　绘制南立面墙体轮廓线

图7-66　推拉2790mm

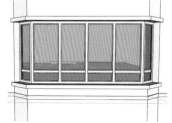
图7-67　一层南立面窗户

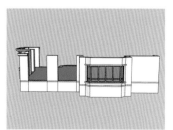
图7-68　一层南立面建筑模型

偏移30mm（图7-75）。

8.选择左侧直线，激活"移动"工具，按Ctrl键分别移动距离550mm、20mm（图7-76）。

9.删除平面，激活"推拉"工具，向内推拉30mm（图7-77）。

10.激活"矩形"工具，捕捉窗框中点，添加矩形为窗玻璃，并添加玻璃材质，窗框材质为白色（图7-78）。

11.选择外墙窗框线条，激活"偏移"工具，向外偏移30mm、60mm、90mm（图7-79）。

12.激活"推拉"工具，向外推拉30mm、50mm（图7-80）。

13.其他窗户制作方法相同（图7-81）。

14.激活"卷尺"工具，添加3415mm辅助线（图7-82）。

15.激活"直线"工具，添加300mm长直线（图7-83）。

16.选择东南转角顶部外墙直线，激活"偏移"工具，向外偏移300mm（图7-84）。

17.激活"推拉"工具，向下推拉40mm（图7-85）。

18.选择顶部外边框，激活偏移工具，向外偏移40mm，并用"直线"工具补线形成平面（图7-86）。

19.激活"推拉"工具，关联西立面的墙体需要补线后推拉，向上推拉60mm（图7-87）。

20.选择顶部外墙线，激活偏移工具，向外偏移60mm，并用"直线"工具补线形成平面（图7-88）。

21.激活"推拉"工具，向上推拉150mm（图7-89）。

22.选择屋檐下方墙体外轮廓线，激活"移动"工具，按Ctrl键向下移动复制两份，距离分别为200mm、20mm，并用"直线"补线形成平面（图7-90）。

23.激活"推拉"工具，向外推拉30mm（图7-91）。

24.一层东立面建筑模型效果（图7-92）。

四、绘制一层北立面建筑墙体模型

1.打开"图层管理器"工作面板，隐藏"东立面"图层，显示"北立面""一层平面图""别墅模型"图层，

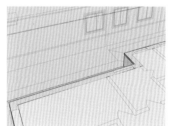
图7-69　绘制东立面建筑轮廓

图7-70　推拉2790mm

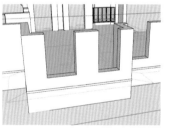
图7-71　推拉窗台600mm

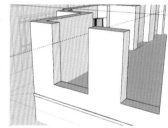
图7-72　添加辅助线

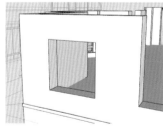
图7-73　推拉窗框

图7-74　绘制矩形

图7-75　向内偏移30mm

图7-76　移动复制

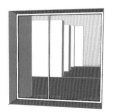
图7-77　向内推拉30mm

图7-78　添加窗玻璃

图7-79　往外偏移

图7-80　推拉30mm、50mm

当前图层为"别墅模型"图层，双击进入别墅模型组件编辑状态，激活"直线"工具，添加北立面建筑墙体轮廓线（图7-93）。

2.激活"推拉"工具，推拉墙体高度3000mm（图7-94）。

3.绘制车库门。修正门洞位置，激活"推拉"命令，将地下层墙体凸出部分向里推拉20mm与外墙面一致（图7-95）。

4.激活"卷尺"工具，添加300mm辅助线，并用"直线"工具补线（图7-96）。

5.激活"推拉"工具，将车库门洞下面位置推拉至300mm（高度）（图7-97）。

6.选择车库门洞下方平面，激活"移动"工具，按Ctrl键，向上移动2700mm高度复制一份，确定车库门高度（图7-98）。

7.激活"推拉"工具，将上方平面推拉1200mm高度至一层楼高（图7-99）。

8.删除门洞内部平面（图7-100）。

9.调整视角至建筑模型底部，激活"偏移"工具，往里偏移420mm（图7-101）。

10.激活"推拉"工具，选择建筑墙体面，按Ctrl键向上推拉300mm至门洞位置，再选择除门洞以外的墙体向上推拉900mm高度，并清除多余的线条（图7-102）。

11.激活"直线"工具，在车库门洞内侧添加直线形成平面，并将其"创建群组"（图7-103）。

12.双击进入群组，激活"偏移"工具，向内偏移30mm（图7-104）。

13.激活"推拉"工具，门框向外推拉420mm（图7-105）。

14.激活"推拉"工具，将门向外推拉60mm，并在左上角位置添加辅助矩形370mm×276mm（图7-106）。

15.激活"矩形"工具，绘制480mm×375mm矩形（图7-107）。

16.激活"偏移"工具，向里偏移20mm（图7-108）。

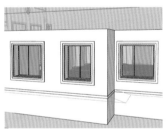
图7-81　一层东立面窗户效果

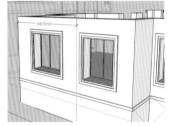
图7-82　添加辅助线

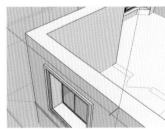
图7-83　绘制直线

图7-84　往外偏移300mm

图7-85　往下推拉40mm

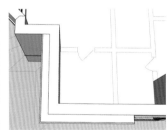
图7-86　往外偏移40mm

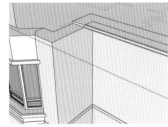
图7-87　推拉60mm

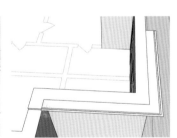
图7-88　偏移60mm

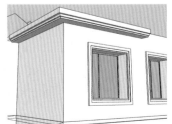
图7-89　推拉后效果

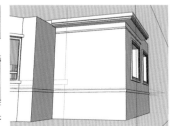
图7-90　向下偏移

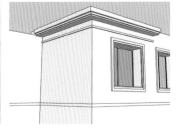
图7-91　往外推拉30mm

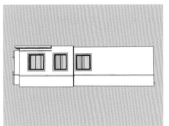
图7-92　一层东立面效果

17.激活"矩形"工具，向内推拉30mm（图7-109）。

18.选择中间平面，激活"缩放"工具，按Ctrl键中心缩放至0.75（图7-110）。

19.清除多余线条，选择缩放后矩形造型，单击鼠标右键"创建组件"，并选择"切割开口"选项（图7-111）。

20.选择组件，激活"移动"工具，水平移动复制两份，距离为740mm，垂直移动复制三份，距离为565mm（图7-112）。

21.选择门框外侧3条边线，激活"移动"工具，偏移距离分别为30mm、60mm、90mm（图7-113）。

22.激活"推拉"工具，分别向外推拉30mm、60mm、90mm，用"推拉"工具调整墙体两侧凸出造型（图7-114）。

23.制作进户门。利用"推拉"工具，调整进户门洞底部位置至水平面位置（图7-115）。

24.选择底部门槛平面，激活"移动"工具，按Ctrl键向上移动2330mm（图7-116）。

25.激活"推拉"工具，向上推拉970mm至一层楼层高度（图7-117）。

26.用绘制车库门相同方法绘制进户门，尺寸参照立面图（7-118）。

27.绘制落地窗户。绘制方法同其他门窗模型，尺寸参考西立面图（图7-119）。

28.绘制北立面窗户，绘制方法参照其他窗户（图7-120）。

29.激活"卷尺"工具，在东北转角处添加辅助线，距离1800mm，并用"直线"工具，添加水平直线，长度400mm（图7-121）。

30.根据北立面图、东立面图选择顶部外墙线条，激活"偏移"工具，向外偏移400mm（图7-122）。

31.激活"推拉"工具，向下推拉150mm（图7-123）。

32.选择屋檐外侧线条，激活"偏移"工具，向内偏移60mm（图7-124）。

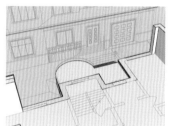

图7-93　一层北立面建筑轮廓

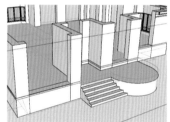

图7-94　推拉3000mm

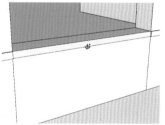

图7-95　向里推拉20mm

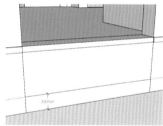

图7-96　添加辅助直线

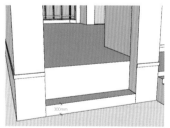

图7-97　推拉至300mm高度

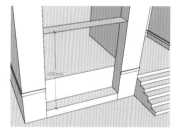

图7-98　移动复制

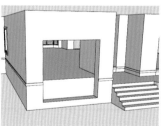

图7-99　推拉1200mm

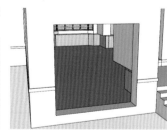

图7-100　删除平面

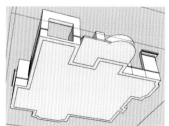

图7-101　向内偏移420mm

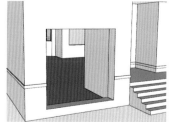

图7-102　向上推拉

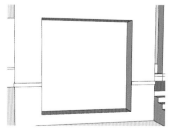

图7-103　补线成面

图7-104　向内偏移

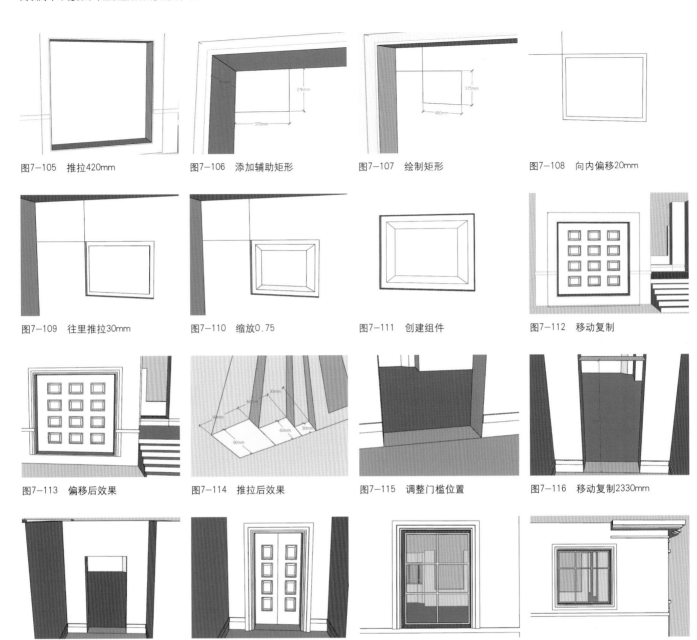

图7-105　推拉420mm　　　图7-106　添加辅助矩形　　　图7-107　绘制矩形　　　图7-108　向内偏移20mm

图7-109　往里推拉30mm　　　图7-110　缩放0.75　　　图7-111　创建组件　　　图7-112　移动复制

图7-113　偏移后效果　　　图7-114　推拉后效果　　　图7-115　调整门槛位置　　　图7-116　移动复制2330mm

图7-117　向上推拉　　　图7-118　进户门效果　　　图7-119　落地窗效果　　　图7-120　窗户效果

33.激活"推拉"工具，向下推拉60mm（图7-125）。

34.再次选择下方外出边线，激活"偏移"工具，向内偏移40mm，并用"推拉"工具，向下推拉40mm（图7-126）。

35.选择屋檐下方同墙体交叉的线条，激活"移动"工具，按Ctrl键向下移动200mm、100mm，复制两份并用"直线"工具补线形成平面（图7-127）。

36.激活"推拉"工具，向外推拉30mm，完成造型线效果（图7-128）。

37.激活"直线"工具，在窗户上方屋檐处添加造型线

（图7-129）。

38.激活"推拉"工具，上方平面向外推拉100mm，下方推拉60mm（图7-130）。

五、一层其他建筑模型细节

1.绘制东立面造型线，绘制方法同北立面（图7-131）。

2.绘制南立面一层顶部造型线，绘制方法同其他立面造型线（图7-132）。

3.绘制北立面阳台护栏。激活"偏移"工具，向内偏移圆弧，距离60mm，并用"直线"工具补线形成平面（图7-133）。

4.选择平面，激活"移动"工具，按Ctrl键沿蓝轴往上移动900mm复制一份（图7-134）。

5.激活"推拉"工具，向下推拉90mm（图7-135）。

6.选择推拉后的面，激活"偏移"工具，向内偏移10mm（图7-136）。

7.激活"推拉"工具，向下推拉40mm（图7-137）。

8.选择推拉后的面，激活"移动"工具，按Ctrl键沿蓝轴向下移动130mm、470mm复制两份（图7-138）。

9.激活"推拉"工具，分别将复制的平面向下推拉40mm（图7-139）。

10.在护栏末端位置添加60mm×60mm竖档（图7-140）。

11.按立面图纸位置，添加40mm×40mm竖档（图7-141）。

12.按立面图纸位置，添加20mm×20mm竖档（图

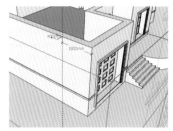
图7-121　添加辅助线

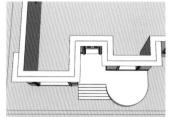
图7-122　往外偏移400mm

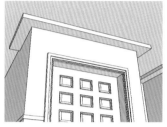
图7-123　向下推拉150mm

图7-124　向内偏移60mm

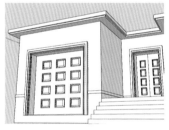
图7-125　向下推拉60mm

图7-126　屋檐效果

图7-127　移动复制

图7-128　向外推拉30mm

图7-129　添加直线

图7-130　推拉后效果

图7-131　东立面顶部造型线

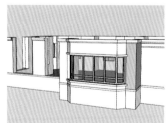
图7-132　南立面完成后效果

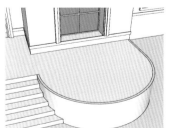
图7-133　向内偏移

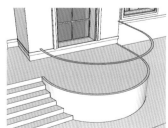
图7-134　向上复制平面

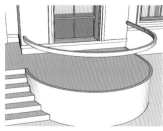
图7-135　向下推拉

图7-136　向内偏移10mm

7-142)。

13.制作楼梯扶手。利用"矩形"工具和"推拉"工具，制作40mm×40mm×900mm立柱，并将其"创建群组"（图7-143）。

14.激活"移动"工具，在每个踏步位置复制一个立柱（图7-144）。

15.激活"直线"工具，从第一根立柱顶端中心位置，向下绘制一条长度为45mm直线，激活"矩形"工具，按Ctrl键从直线端点位置绘制一个90mm×90mm矩形（图

7-145）。

16.激活"推拉"工具，向前推拉100mm，按Ctrl键向后推拉至最后一根立柱位置（图7-146）。

17.选择推拉后平面，激活"移动"工具，沿蓝轴方向向上移动至立柱顶端（图7-147）。

18.激活"推拉"工具，向后推拉100mm距离（图7-148）。

19.修改立柱外凸模型。双击进入立柱群组编辑状态，激活"直线"工具，绘制辅助直线（图7-149）。

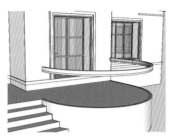

图7-137 向下推拉

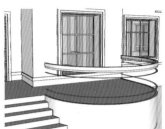

图7-138 复制平面

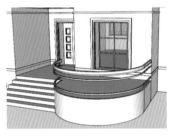

图7-139 推拉后效果

图7-140 添加护栏末端竖档

图7-141 添加护栏竖档

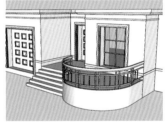

图7-142 完成后护栏效果

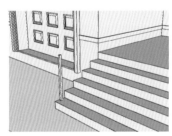

图7-143 创建立柱

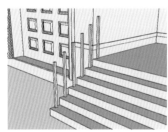

图7-144 复制立柱

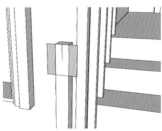

图7-145 绘制矩形

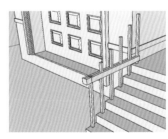

图7-146 推拉后效果

图7-147 移动平面

图7-148 推拉平面

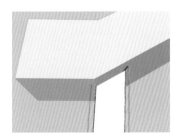

图7-149 绘制辅助直线

图7-150 推拉多余模型

图7-151 修正后效果

图7-152 楼梯护手效果

20.转换视图模式为"X光透视模式",激活"推拉"工具,推掉多余的模型(图7-150)。

21.用相同方法完成其他立柱模型的修改(图7-151)。

22.用相同方法添加扶手横档(图7-152)。

第四节 创建别墅二层模型

一、绘制二层西立面建筑墙体模型

1.打开"图层管理面板",隐藏"一层平面图"图层,显示"二层平面图""西立面"图层,"别墅模型"图层为当前层(图7-153)。

2.双击进入别墅模型群组,激活"直线"工具,绘制二层西立面墙体轮廓(图7-154)。

3.激活"推拉"工具,推拉二层西立面墙体高度2750mm(图7-155)。

4.激活"推拉"工具,推拉阳台墙体高度500mm(图7-156)。

5.选择阳台外墙轮廓边线,激活"偏移"工具,向内偏移246mm(图7-157)。

6.激活"推拉"工具,按Ctrl键向上推拉100mm(图7-158)。

7.按北立面一层阳台绘制方法绘制阳台护栏,尺寸参考西立面二层立面图,完成效果(图7-159)。

8.选择阳台门槛平面,激活"移动"工具,按Ctrl键向上移动2400mm复制一份(图7-160)。

9.激活"推拉"工具,向上推拉至墙体高度(图7-161)。

10.阳台门绘制方法同一层北立面落地窗,完成效果(图7-162)。

11.绘制跃层窗户。选择窗户底部平面,激活"移动"工具,按Ctrl键沿蓝轴向上移动3900mm(图7-163)。

12.激活"推拉"工具,捕捉推拉至墙体高度,完成窗洞效果(图7-164)。

13.窗的绘制参考阳台门的绘制方法,尺寸参考西立面图,完成效果(图7-165)。

14.烟囱造型线。选择烟囱顶部外墙线,激活"移动"工具,按Ctrl键向下移动822mm、150mm、120mm、150mm复制四份(图7-166)。

15.激活"推拉"工具,向外推拉50mm,清除多余的线条(图7-167)。

16.坡屋檐绘制。激活"直线"工具,添加直线(图7-168)。

17.激活"直线"工具,绘制斜线(图7-169)。

18.激活"直线"工具,在每个转角位置连接上下角点,添加斜线,形成斜平面,完成效果(图7-170)。

二、绘制二层南立面建筑墙体模型

1.打开"图层管理面板",隐藏"西立面"图层,显示"二层平面图""南立面"图层,"别墅模型"图层为当前层(图7-171)。

2.双击进入别墅模型群组,激活"直线"工具,绘制二层南立面墙体轮廓(图7-172)。

3.激活"推拉"工具,沿蓝轴向上推拉2750mm墙体高度(图7-173)。

4.选择跃层窗户底部平面,激活"移动"工具,按Ctrl键沿蓝轴往上移动3900mm复制平面(图7-174)。

5.激活"推拉"工具,将复制后的平面推拉至墙体高度,用"橡皮擦"工具清除多余的线条,完成窗洞效果(图7-175)。

6.跃层窗户制作方法同西立面跃层窗户,完成效果(图7-176)。

7.激活"推拉"工具,推拉窗台和阳台墙体高度500mm(图7-177)。

8.选择窗台平面,激活"移动"工具,沿蓝轴向上移动1800mm(图7-178)。

9.激活"推拉"工具,将复制后的平面推拉至墙体高度(图7-179)。

10.绘制窗户。制作方法同一层,完成效果(图

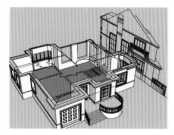

图7-153 调整图层可见性

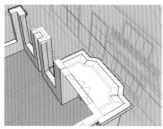

图7-154 西立面建筑墙体轮廓

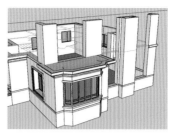

图7-155 二层西立面推拉

图7-156 推拉阳台高度

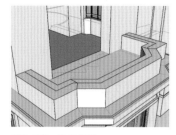

图7-157 向内偏移

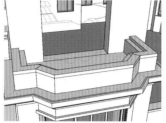

图7-158 向上推拉

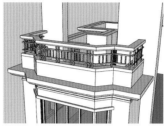

图7-159 二层西立面阳台

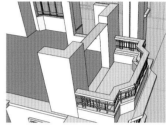

图7-160 复制门槛平面

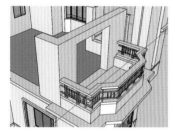

图7-161 推拉平面

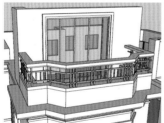

图7-162 西立面二层阳台门

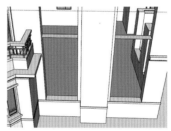

图7-163 复制平面

图7-164 捕捉推拉

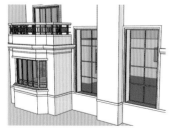

图7-165 跃层窗户效果

图7-166 移动复制

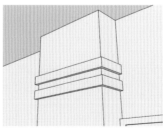

图7-167 推拉后效果

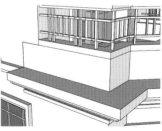

图7-168 添加直线

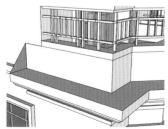

图7-169 添加斜线

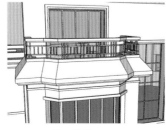

图7-170 坡屋檐效果

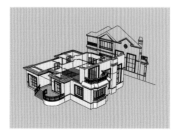

图7-171 二层南立面

图7-172 南立面建筑轮廓线

7—180）。

三、绘制二层东立面建筑墙体模型

1.打开"图层管理面板"，隐藏"南立面"图层，显示"二层平面图""东立面"图层，"别墅模型"图层为当前层（图7—181）。

2.双击进入别墅模型群组，激活"直线"工具，绘制二层东立面墙体轮廓（图7—182）。

3.激活"推拉"工具，推拉高度2750mm（图

7—183）。

4.阳台栏杆制作方法同西立面阳台（图7—184）。

5.阳台门洞。激活"矩形"工具，捕捉绘制阳台平面，激活"移动"工具，按Ctrl键沿蓝轴向上移动2400mm（图7—185）。

6.激活"推拉"工具，推拉至墙体高度，完成门洞效果（图7—186）。

7.阳台门绘制方法同西立面阳台门，完成效果（图7—187）。

8.激活"推拉"工具，推拉窗台平面高度为900mm（图

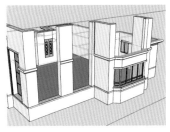

图7—173　推拉墙体高度

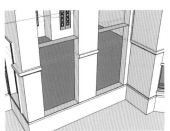

图7—174　复制平面

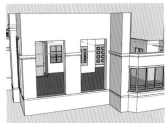

图7—175　窗洞效果

图7—176　跃层窗户效果

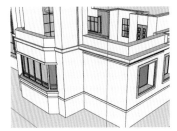

图7—177　推拉500mm

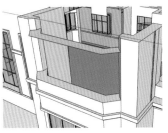

图7—178　复制平面

图7—179　推拉后效果

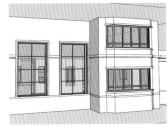

图7—180　二层窗户效果

图7—181　调整图层可见性

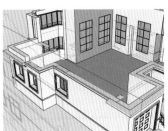

图7—182　东立面墙体轮廓

图7—183　推拉2750mm

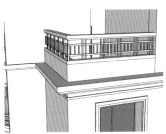

图7—184　阳台栏杆效果

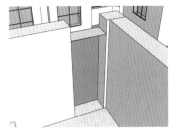

图7—185　移动复制平面

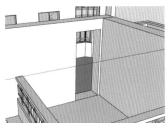

图7—186　阳台门洞

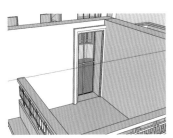

图7—187　阳台门效果

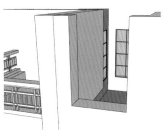

图7—188　推拉900mm

7—188）。

9.选择窗台平面，激活"移动"工具，按Ctrl键沿蓝轴向上移动1500mm，复制平面（图7—189）。

10.激活"推拉"工具，推拉至墙体高度，完成窗洞效果（图7—190）。

11.窗的制作方法同其他窗户效果（图7—191）。

12.添加窗台。激活"直线"工具，在窗台外墙两端添加水平60mm长直线，向下100mm，并用直线工具封面（图7—192）。

13.激活"推拉"工具，向外推拉90mm，完成窗户效果（图7—193）。

14.激活"直线"工具，添加坡屋檐效果（图7—194）。

四、绘制二层北立面建筑墙体模型

1.打开"图层管理面板"，隐藏"东立面"图层，显示"二层平面图""北立面"图层，"别墅模型"图层为当前层（图7—195）。

2.双击进入别墅模型群组，激活"直线"工具，绘制二层北立面墙体轮廓（图7—196）。

3.激活"推拉"工具，推拉墙体高度2750mm（图7—197）。

4.激活"推拉"工具，推拉窗台高度900mm、1200mm、900mm、900mm（图7—198）。

5.选择窗台平面，激活"移动"工具，按Ctrl键移动距离1500m、1200mm、1500mm（图7—199）。

6.激活"推拉"工具，推拉至墙体高度，完成窗洞效果（图7—200）。

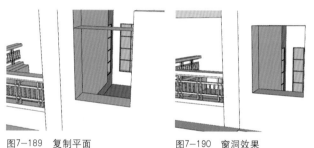

图7—189 复制平面

图7—190 窗洞效果

图7—191 窗户效果

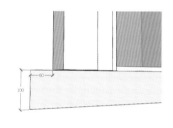

图7—192 添加直线

图7—193 二层窗户效果

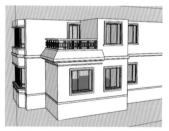

图7—194 坡屋檐效果

图7—195 调整图层可见性

图7—196 二层北立面墙体轮廓

图7—197 推拉墙体高度

图7—198 推拉窗台高度

图7—199 复制平面

图7—200 窗洞效果

7.窗户绘制方法同东立面窗户，完成效果（图7-201）。

8.激活"推拉"工具，调整主入口屋檐形状（图7-202）。

9.激活"直线"工具，添加直线形成坡面效果（图7-203）。

10.激活"卷尺"工具，在南立面跃层窗户中心位置添加辅助线，距离1320mm，并用"直线"工具在墙体顶部绘制直线（图7-204）。

11.选择除烟囱和标识上方线段以外的外墙体顶部线条，激活"偏移"工具，向外偏移280mm，并用"直线"工具补线形成平面（图7-205）。

12.激活"推拉"工具，向上推拉40mm（图7-206）。

13.再次选择推拉后屋檐外轮廓线，激活"偏移"工具，向外偏移40mm，并用"直线"工具补线（图7-207）。

14.激活"推拉"工具，推拉高度60mm（图7-208）。

15.再次选择推拉后屋檐外轮廓线，利用"偏移"和"推拉"工具，向外偏移60mm，往上推拉150mm（图7-209）。

16.烟囱模型制作。激活"推拉"工具，推拉高度977mm（图7-210）。

17.选择烟囱顶部外侧四条线段，利用"偏移"和"推拉"工具，向外偏移50mm，向上推拉150mm（图7-211）。

18.激活"推拉"工具，向上推拉300mm（图7-212）。

19.选择烟囱顶部外侧四条线段，利用"偏移"和"推拉"工具，往外偏移30mm，向上推拉120mm（图7-213）。

20.重复61步操作2次（图7-214）。

21.激活"推拉"工具，推拉高度661mm（图7-215）。

22.选择顶部平面，激活"缩放"工具，按Ctrl键等比

图7-201　窗户完成效果

图7-202　主入口屋檐

图7-203　屋檐效果

图7-204　添加辅助线

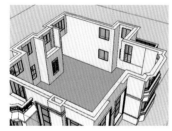
图7-205　偏移280mm

图7-206　向上推拉40mm

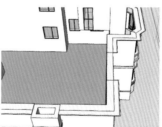
图7-207　往外偏移40mm

图7-208　推拉60mm

图7-209　二层屋檐完成效果

图7-210　推拉后效果

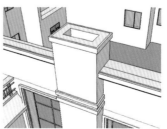
图7-211　偏移推拉

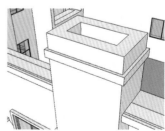
图7-212　推拉300mm

缩放比例为0.75，完成烟囱效果（图7-216）。

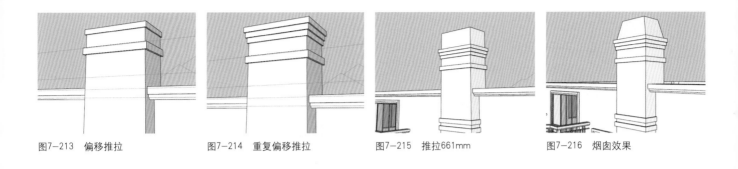

图7-213　偏移推拉　　　图7-214　重复偏移推拉　　　图7-215　推拉661mm　　　图7-216　烟囱效果

第五节　创建别墅楼顶模型

1．打开"图层管理面板"，隐藏"一层平面图"图层，显示"二层平面图""东立面""南立面""西立面""北立面"图层，"别墅模型"图层为当前层（图7-217）。

2．双击进入别墅模型群组，选择南立面顶部缺口平面，激活"推拉"工具，向上推拉250mm对齐墙体，再次向上推拉1262mm，利用"橡皮擦"工具，清除多余线条（图7-218）。

3．激活"推拉"工具，向两边推拉900mm（图7-219）。

4．激活"直线"工具，连接顶部中点和底部端点，添加斜线（图7-220）。

5．激活"推拉"工具，推拉两边三角形平面，删除两边三角形模型（图7-221）。

6．选择三角形顶部两条线段，向里偏移150mm、60mm、40mm（图7-222）。

7．激活"推拉"工具，从外开始依次推拉380mm、320mm、280mm（图7-223）。

8．调整视图方向，激活"直线"工具，在别墅内侧三角底部位置添加直线（图7-224）。

9．激活"推拉"工具，向里推拉1500mm（图7-225）。

10．激活"直线"工具，添加直线使顶部形成平面，并清除多余线条（图7-226）。

11．激活"卷尺"工具，在顶部添加辅助线，距离分别为6080mm、7520mm、600mm（图7-227）。

12．激活"直线"工具，从辅助线交叉位置出发，沿蓝轴向上绘制3665mm长直线两条（图7-228）。

13．清除辅助线，激活"文字"工具，将其标注为"一号线组"（图7-229）。

14．激活"卷尺"工具，在顶部添加辅助线，距离分别为5180mm、5730mm、600mm，利用"直线"工具，从辅助线交叉位置出发，沿着蓝轴向上绘制直线长度为3124mm（图7-230）。

15．激活"卷尺"工具，添加辅助线（图7-231）。

16．激活"直线"工具，从"一号线组"顶点出发，连接各个端点，形成坡面（图7-232）。

17．激活"直线"工具，在模型交叉位置添加直线，删除多余平面（图7-233）。

18．隐藏南坡屋面，激活"直线"工具，从"二号线组"顶点出发，连接各个端点，形成坡面，清除辅助线，显示隐藏平面（图7-234～图7-236）。

19．激活"卷尺"工具，在北面窗户上方中心位置添加辅助线，激活"直线"工具，在坡面上绘制垂直线，绘制时线段呈枚红色状态（图7-237）。

20．激活"直线"工具，从交叉点出发绘制水平线，长度为600mm（图7-238）。

21．激活"直线"工具，连接各个顶点（图7-239）。

22．北面屋顶。激活"卷尺"工具，在窗户上方中心位置添加辅助线，激活"直线"工具，在坡面上绘制垂直线（图7-240）。

23．激活"直线"工具，绘制水平线，长度为1500mm（图7-241）。

图7-217　调整图层可见性

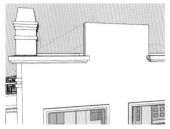

图7-218　推拉250mm+1262mm

图7-219　推拉900mm

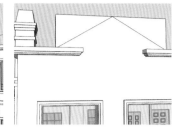

图7-220　添加斜线

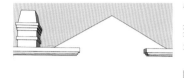

图7-221　推拉外侧三角形

图7-222　偏移150mm+60mm+40mm

图7-223　推拉380mm+320mm+280mm

图7-224　添加辅助直线

图7-225　推拉1500mm

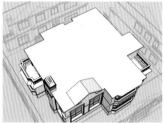

图7-226　画线形成平面

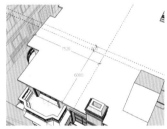

图7-227　添加辅助线

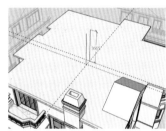

图7-228　垂直线条

图7-229　一号线组

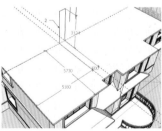

图7-230　二号线组

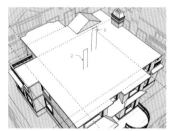

图7-231　添加辅助线

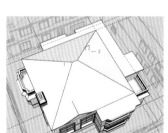

图7-232　1号线组坡屋顶效果

图7-233　修正东立面模型

图7-234　隐藏南坡屋面

图7-235　连接2号线组端点

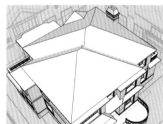

图7-236　完成后效果

24.激活"直线"工具，连接各个顶点（图7-242）。

25.南面屋顶制作。激活"卷尺"工具，在窗户上方中心位置添加辅助线，激活"直线"工具，在坡面上绘制垂直线（图7-243）。

26.激活"直线"工具，绘制水平线，长度为1800mm（图7-244）。

27.激活"直线"工具，连接各个顶点（图7-245）。

28.激活"直线"工具，从中心点位置出发，在斜面上绘制垂直线长度为2658mm（图7-246）。

29.激活"直线"工具，连接各个顶点（图7-247）。

30.用"橡皮擦"工具清除多余线条，别墅模型完成（图7-248）。

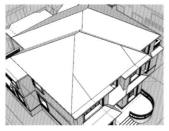
图7-237 绘制垂直线

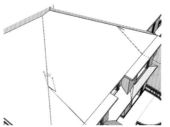
图7-238 绘制直线

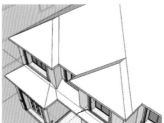
图7-239 完成后效果

图7-240 绘制垂直线

图7-241 绘制直线

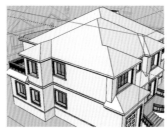
图7-242 连接后效果

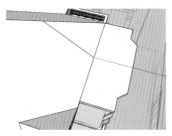
图7-243 添加垂直线

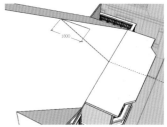
图7-244 绘制水平线

图7-245 完成后效果

图7-246 添加垂直线

图7-247 连接后效果

图7-248 模型完成后效果

第六节 创建别墅模型材质

一、玻璃材质

打开"材质管理面板"，在"材料"库中选择"玻璃和镜子"材质中的"灰色半透明玻璃"，赋予模型中所有玻璃材质（图7-249、图7-250）。

二、墙面材质

1.地下层墙面材质。勾选"使用纹理图像"，添加"墙面砖1.jpg"图像文件，图像大小调整为1000mm×550mm，颜色拾色器RGB设置为（184,158,139），赋予地下层墙面。在墙面上单击鼠标右键，在弹出的快捷菜单中选择"纹理"中的"位置"，调整纹理位置（图7-251、图7-252）。

2.一层墙面材质。勾选"使用纹理图像"，添加"一层墙面砖.jpg"图像文件，图像大小调整为1000mm×1000mm，颜色拾色器RGB设置为（175,157,130），赋予一层墙面。在墙面上单击鼠标右键，在弹出的快捷菜单中选择

"纹理"中的"位置",调整纹理位置(图7—253、图7—254)。

3.二层墙面材质。打开"材质管理面板",在"材料"库中选择"砖、覆层和壁板"材质中的"棕褐色壁板覆层",调整颜色拾色器RGB的设置(139,173,143),图像大小调整为1000mm×1000mm,赋予模型中所有二层墙体材质(图7—255、图7—256)。

4.屋顶材质。在"材质管理器"中勾选"使用纹理图像",添加"屋顶.jpg"图像文件,图像大小调整为1000mm×500mm,赋予屋顶坡面(图7—257、图7—258)。

5.烟囱材质。打开"材质管理面板",在"材料"库中选择"砖、覆层和壁板"材质中的"复古砖01",图像大小调整为2000mm×1200mm,赋予模型中烟囱墙体材质(图7—259、图7—260)。

三、窗框及栏杆材质

在"材质管理面板"中,选择"颜色"材质中的"C08色",调整颜色拾色器RGB的设置(78,63,43),赋予模型中所有窗框及栏杆材质(图7—261、图7—262)。

四、其他造型材质

1.在"材质管理面板"中,选择"石材"材质中的

图7—249 玻璃材质

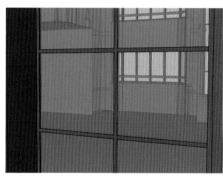

图7—250 玻璃效果

图7—251 地下层墙面材质

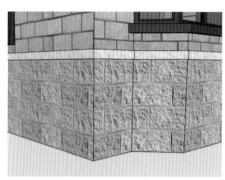

图7—252 地下层墙面效果

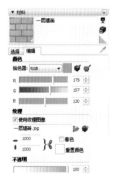

图7—253 一层墙面材质

图7—254 一层墙面效果

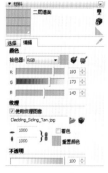

图7—255 二层墙面材质

图7—256 二层墙面效果

图7—257 屋顶材质

图7—258 屋顶效果

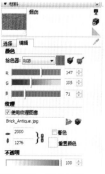

图7—259 烟囱材质

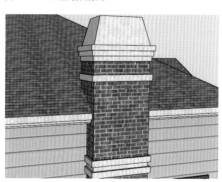

图7—260 烟囱效果

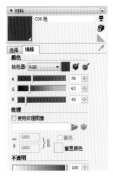

图7-261　窗框及栏杆　图7-262　窗框及栏杆效果
材质

图7-263　造型材质　　图7-264　造型效果

"卡其色拉绒石材",调整颜色拾色器RGB的设置(233,213,164),赋予模型中所有窗框及栏杆材质(图7-263、图7-264)。

2.完成效果(图7-265、图7-266)。

图7-265　别墅效果　　　　　　图7-266　别墅效果

第七节　别墅外环境效果

一、制作室外场景

1.在"图层管理面板"中单击"添加图层",新图层命名为"外环境配置",并将其设置为当前图层。激活"矩形"工具,绘制一个矩形模拟地面(图7-267)。

2.绘制散水。显示"地下层平面图"图层,隐藏"别墅模型"图层,激活"直线"工具,绘制散水轮廓(图7-268)。

3.显示"别墅模型"图层,激活"直线"工具,绘制车库门口斜坡(图7-269)。

4.激活"直线"工具,绘制梯形截面,宽度900mm,

高度30mm、100mm(图7-270)。

5.选择别墅建筑轮廓,激活"路径跟随"工具,单击截面(图7-271)。

6.激活"直线"工具,调整散水细节(图7-272)。

7.在"材质管理面板"中,选择"沥青和混凝土"材质中的"新抛光混凝土",赋予模型中所有散水模型材质(图7-273)。

8.在"材质管理面板"中勾选"使用纹理图像",添加"草.jpg"图像文件,赋予地面(图7-274)。

9.为场景添加树木、灌木、花、草、人物等模型(图7-275)。

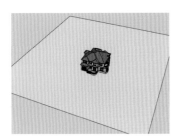

图7-267　绘制地面

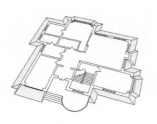

图7-268　散水轮廓

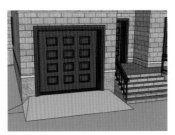

图7-269　车库门斜坡

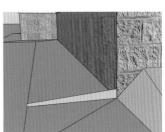

图7-270　绘制梯形截面

10.调整视角，在"视图"下拉菜单中选择"场景"中的"添加场景"保存场景（图7-276）。

二、添加场景效果

1.打开"风格管理面板"，选择"编辑"选项卡中的"水印"，单击"添加水印"按钮⊕，在弹出的对话框中选择"天空.jpg"文件作为水印（图7-277）。

2.打开"创建水印"对话框，选择"背景"选项（图7-278）。

3.单击"下一步"，调整背景和图像的混合模式（图7-279）。

4.单击"下一步"，选择"在屏幕中定位"，将图像定位在"上方中间"位置，再将比例调整到最大（图7-280）。

5.单击"完成"天空效果（图7-281）。

6.在"阴影管理面板"中，打开阴影，调整日期、时间、光线明暗度等参数（图7-282）。

7.最终场景效果（图7-283）。

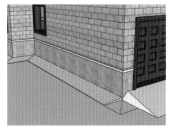
图7-271 路径跟随效果

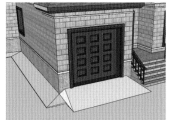
图7-272 调整细节

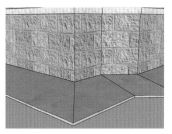
图7-273 散水材质

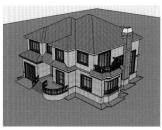
图7-274 草地材质

图7-275 添加配景模型

图7-276 保存场景

图7-277 添加水印

图7-278 选择背景

图7-279 混合度

图7-280 图像位置和比例

图7-281 完成后效果

图7-282 阴影设置

图7-283 最终场景效果